21世纪电气信息学科立体化系列教材

电机及拖动基础实验指导书

浙江海洋大学电气系教研组编

主　编　谢远党

副主编　计青山　夏佑良　姚齐国

主　审　郭镇明

华中科技大学出版社

中国·武汉

图书在版编目(CIP)数据

电机及拖动基础实验指导书/谢远党　主编.—武汉:华中科技大学出版社,2012.6(2025.2重印)

ISBN　978-7-5609-8163-5

Ⅰ.电…　Ⅱ.谢…　Ⅲ.①电机-实验-高等学校-教学参考资料　②电力传动-实验-高等学校-教学参考资料　Ⅳ.①TM306　②TM921-33

中国版本图书馆 CIP 数据核字(2012)第 128726 号

电机及拖动基础实验指导书　　谢远党　主编

策划编辑:万亚军
责任编辑:周忠强
封面设计:秦　茹
责任校对:刘　竣
责任监印:张正林
出版发行:华中科技大学出版社(中国·武汉)　电话:(027)81321913
武汉市东湖新技术开发区华工科技园　邮编:430223
录　　排:武汉楚海文化传播有限公司
印　　刷:广东虎彩云印刷有限公司
开　　本:787mm×960mm　1/16
印　　张:6.25
字　　数:144 千字
版　　次:2025 年 2 月第 1 版第 5 次印刷
定　　价:20.00 元

内容提要

本书是根据电机学、电机控制、电机及电力拖动基础、机床电气等课程教学大纲，结合授课实际编写的。本书主要内容包括直流电机、变压器、异步电机、同步电机、控制电机相关实验，以及综合实验等，共计 17 个实验项目，涉及电机学、电机及电力拖动基础、电机控制、机床电气等 4 门课程的主要实验。各授课教师可按照教学大纲，酌情选取实验项目。

本书可作为普通高等学校电气自动化、电气工程、机电一体化等专业学生的实验教材，也可供相关专业工程技术人员参考。

前　言

实验是教学中的一个重要环节，其目的在于验证、巩固理论，训练学生的动手能力，培养学生分析问题和解决问题的能力，为从事生产操作和科学实验打下初步的基础。随着科技的发展，创新能力、实践能力显得尤为重要，因此强化实践教学环节，提高实践教学质量，培养学生实践能力和创新意识，是高等教育改革与发展的重要方向。实践教学和理论教学是整个教学中相互支撑的统一体系，十分重要。从人才培养的根本目的来看，实践环节的意义更重要，它是实践理论、验证理论和发展理论的关键。

本书根据电机学、电机控制、电机及电力拖动基础、机床电气等课程教学大纲，结合授课实际情况编写而成。全书共分为 8 章，包含 16 个实验项目，主要内容包括直流发电机、直流并励电动机、单相变压器、三相变压器、三相鼠笼异步电动机的工作特性、三相异步电动机的启动与调速、单相异步电动机的启动、三相同步发电机的运行特性、三相同步电动机的运行特性、他励直流电动机的机械特性、三相异步电动机的机械特性、三相异步电动机的正反转控制线路、电机拖动控制线路实验和交直流调速系统实验等，涉及电机学、电机控制、电机及电力拖动基础、机床电气等课程的主要实验，各授课教师可按照教学大纲，酌情选取实验项目。

本书具有以下主要特点：在编写原则上，着重培养学生的实践能力，培养学生分析与解决实际问题的能力；在使用功能上，注重主要服务于“电机及拖动基础”课程的教学；根据学生培养的实际情况，力求新颖，反映了实验操作技能的基本要求，有利于提高学生的实践动手能力；在内容安排上，增强教材实用性；每个实验项目尽可能做到主题明确、操作步骤详尽清晰，以便于学生独立完成实验，同时也便于学生迅速抓住重点，提高学习效率。

本书为普通高等教育实验教材，可作为电气自动化、电气工程、机电一体化等专业学生的实验教材。

本书由浙江海洋大学谢远党主编，计青山、夏佑良和姚齐国担任副主编。具体分工为：谢远党负责第 2、3 章内容的编写及全书框架的构建，计青山负责第 4、5 章内容的编写及第一稿校对，夏佑良负责第 1、8 章内容及附录的编写，姚齐国负责第 6、7 章内容的编写及部分不完善内容的修改。全书由郭镇明教授审查。

由于编者水平有限，书中错误和不足之处在所难免，恳请各位读者和同行对本书提出宝贵意见，以便修订时加以完善。

编　者

2020 年 3 月

学生实验守则

一、凡进入实验室进行实验的学生，必须认真阅读并严格遵守实验室的各项规章制度。

二、每次实验前，必须认真阅读实验指导书和实验教材，听从指导教师的指导，在了解仪器设备性能之后，严格按操作规程进行实验。

三、实验过程中，提倡严谨科学的实验态度，认真细致、注重实效的实验作风，努力完善实验环节，逐渐培养实验中的技能技巧。

四、保护实验仪器设备和实验室其他物品，对违规操作造成人身伤害或仪器损坏者，将按规定严肃处理。

五、保持安静，遵守秩序，不得大声喧哗，以免影响他人正常工作。

六、实验结束时，整理好实验仪器设备和其他实验器材，实验仪器设备和实验数据经指导教师验收后，方可离开实验室。

DDSZ-1 型电机及电气技术实验装置
交流及直流电源操作说明

实验中，开启及关闭 DDSZ-1 型电机及电气技术实验装置交流及直流电源，是在控制屏上进行操作的。

1. 开启三相交流电源的步骤

(1)开启电源前，检查控制屏下面“直流电机电源”的“电枢电源”开关(右下角)及“励磁电源”开关(左下角)，确保都在“关”断的位置。控制屏左侧端面上安装的调压器旋钮必须在零位，即必须将其按逆时针方向旋转到零位。

(2)检查无误后开启“电源总开关”，“关”按钮指示灯亮，表示实验装置的进线接通电源，但没有输出电压。此时在电源输出端进行实验电路接线操作是安全的。

(3)按下“开”按钮，“开”按钮指示灯亮，表示三相交流调压电源输出插孔 U、V、W 及 N 已接电。实验电路所需不同大小的交流电压，都可通过适当旋转调压器旋钮，用导线从这三相四线制插孔中取得。输出线电压为 0～400 V(可调)，由控制屏上方的三只交流电压表指示。当将电压表下方左侧的“指示切换”开关拨向“三相电网电压”时，它指示三相电网进线的线电压；当将“指示切换”开关拨向“三相调压电压”时，它指示三相四线制插孔 U、V、W 和 N 输出端的线电压。

(4)实验中如果需要改接线路，必须按下“关”按钮以切断交流电源，保证实验操作安全。实验完毕，还须关断“电源总开关”，并将控制屏左侧端面上安装的调压器旋钮调回到零位，将直流电机电源的“电枢电源”开关及“励磁电源”开关拨到“关”的位置。

2. 开启直流电机电源的步骤

(1)直流电源是由交流电源变换而来的，开启直流电机电源，必须先开启三相交流电源，即开启“电源总开关”并按下“开”按钮。

(2)接通“励磁电源”开关，可获得参数约为 220 V、0.5 A 不可调的直流电流输出。接通“电枢电源”开关，可获得 40～230 V、3 A 可调节的直流电流输出。励磁电源电压及电枢电源电压都可由控制屏下方的直流电压表指示。当将该电压表下方的“指示切换”开关拨向“电枢电压”时，指示电枢电源电压；当将它拨向“励磁电压”时，指示励磁电源电压。但在电路上，“励磁电源”与“电枢电源”，“直流电机电源”与“交流三相调压电源”都是经过三相多绕组变压器隔离的，可独立使用。

(3)“电枢电源”采用的是脉宽调制型开关式稳压电源，输入端接有滤波用的大电容，为了避免过大的充电电流损坏电源电路，采用了限流延时的保护电路。因此，本电源在开机时，从电枢电源接通到电流电压输出有 3～4 s 的延时，这是正常的。

(4)电枢电源设有过压和过流指示报警保护电路。当输出电压出现过压时，系统会自动切断输出，并报警指示。此时若需要恢复电压，必须先将“电压调节”旋钮逆时针旋转，调低电压到正常值(240 V 以下)，再按下“过压复位”按钮。当负载电流过大(即负载电阻过小)，超过 3 A 时，也会自动切断输出，并报警指示，此时，若需要恢复输出，只要调小负载电流(即调大负载电阻)即可。有时，在开机时会出现过流报警，这说明开机时的负载电流过大，需要降低负载电流，可在电枢电源输出端增大负载电阻，或暂时拔掉一根导线(空载)开机，待直流输出电压正常后，再接回导线加上正常负载(不可短路)。在空载时开机仍发生过流报警，是由于温度或湿度明显变化，造成光电耦合器 TIL117 过流保护起控点改变所致，一般经过空载开机(即开启交流电源后，再开启“电枢电源”开关)预热几十分钟后，即可停止报警，恢复正常。注意：所有这些操作到直流电压输出都有 3～4 s 的延时。

(5)在做直流电动机实验时，开机时必须先开“励磁电源”，后开“电枢电源”；关机时，则要先关“电枢电源”，后关“励磁电源”。同时，在电枢电路中应串联启动电阻以防止电源短路。具体操作须严格遵照实验指导书中有关内容的说明。

目 录

1 电机及电气技术实验的基本要求和安全操作规程

1.1 实验的基本要求

电机及电气技术实验课的目的在于培养学生掌握基本的实验方法与操作技能，使学生根据实验目的拟定实验线路，选择所需仪表，确定实验步骤，测取所需数据，进行分析研究，得到必要的结论，从而完成实验报告。在整个实验过程中，必须集中精力，及时认真地做好实验。现按实验过程提出下列基本要求。

1. 实验前的准备

实验前应复习教材有关章节，认真研读实验指导书，了解实验目的、实验项目、实验方法与步骤，明确实验过程中应注意的问题（有些内容可到实验室对照实验进行预习，如熟悉组件的编号、使用及其规定值等），并按照实验项目准备记录数据等。

实验前应写好实验预习报告，经指导教师检查认为确实做好了实验前的准备后，方可开始实验。

认真做好实验前的准备工作，对于培养独立工作能力，提高实验质量和保护实验设备都是很重要的。

2. 实验的进行

1）建立小组，合理分工

每次实验都以小组为单位进行，每组由 2～3 人组成，对于实验中的接线、调节负载、保持电压或电流、记录数据等工作每人应有明确的分工，以保证实验操作协调，数据记录准确可靠。

2）选择组件和仪表

实验前先熟悉本次实验所用的组件，记录电机铭牌和选择仪表量程，然后依次排列组件和仪表,以便测取数据。

3)按图接线

根据实验线路图及所选组件、仪表,按图接线,线路力求简单明了。接线原则是先接串联主回路,再接并联支路。为方便查找线路,每路可用相同颜色的导线或插头。

4)启动电机,观察仪表

在正式开始实验之前,先熟悉仪表刻度,并记下倍率,然后按一定规范启动电机,观察所有仪表是否正常(如指针正反向是否超量程等)。如果出现异常,应立即切断电源,并排除故障;如果一切正常,即可正式开始实验。

5)测取数据

预习时对实验方法及所测数据的大小做到心中有数。正式实验时,根据实验步骤逐次测取数据。

6)认真负责,实验有始有终

实验完毕,须将数据交指导教师审阅。经指导教师认可后,方可拆线,并把实验所用的组件、导线及仪器等物品整理好。

3. 实验报告

实验报告是根据实测数据和在实验中观察和发现的问题,经过分析研究或讨论后写出的心得体会。

实验报告要简明扼要、字迹清楚、图表整洁、结论明确。

实验报告应包括以下内容:

(1)实验名称、专业班级、姓名、实验日期、室温(℃);

(2)列出实验中所用组件的名称及编号,电机铭牌数据(P_N、U_N、I_N、n_N)等;

(3)列出实验项目,绘出实验时所用的线路图,并注明仪表量程、电阻器阻值、电源端编号等;

(4)整理和计算数据;

(5)按记录及计算的数据用坐标纸画出曲线,图纸尺寸不小于 8 cm×8 cm,曲线要用曲线尺或曲线板连接成光滑曲线,不在曲线上的点按实际数据标出。

(6)根据数据和曲线进行计算和分析,说明实验结果与理论是否符合,可对某些问题提出一些自己的见解并最后写出结论,实验报告应写在一定规格的报告纸上,保持整洁。

(7)每次实验每人独立完成一份报告,按时送交指导教师批阅。

1.2 实验安全操作规程

为了按时完成电机及电气技术实验,确保实验时人身安全与设备安全,要严格遵守如下安全操作规程:

(1)实验时,人体不可接触带电线路;

(2)接线或拆线都必须在切断电源的情况下进行;

(3)学生独立完成接线或改接线路时,必须经指导教师检查和允许,并告知组内其他同学后方可接通电源,实验中如发生事故,应立即切断电源,查清问题和妥善处理后才能继续进行实验。

(4)若直接启动电机,则应先检查功率表及电流表的量程是否符合要求,是否存在短路回路,以免损坏仪表或电源。

(5)总电源或实验台控制屏上的电源应由实验指导人员来控制,其他人不得自行合闸。

2

直流电机实验

2.1 直流发电机

1. 实验目的

(1)掌握测定直流发电机的各种运行特性的实验方法,并根据所测得的运行特性评定被测试发电机的有关性能。

(2)通过实验观察并励发电机的自励过程和自励条件。

2. 预习要点

(1)什么是发电机的运行特性?在求取直流发电机的特性曲线时,哪些物理量应保持不变?哪些物理量应测取?

(2)做空载特性实验时,励磁电流为什么必须保持单方向调节?

(3)并励发电机的自励条件有哪些?当发电机不能自励时,应如何处理?

(4)如何确定复励发电机是积复励还是差复励?

3. 实验项目

1)他励发电机实验

(1)测空载特性　保持 $n=n_N$,使 $I=0$,测取 $U_0=f(I_f)$。

(2)测外特性　保持 $n=n_N$,使 $I_f=I_{fN}$,测取 $U=f(I)$。

(3)测调节特性　保持 $n=n_N$,使 $U=U_N$,测取 $I_f=f(I)$。

2)并励发电机实验

(1)观察自励过程。

(2)测外特性　保持 $n=n_N$,使 $R_{f2}=$常数,测取 $U=f(I)$。

3)复励发电机实验

积复励发电机外特性:保持 $n=n_N$,使 $R_{f2}=$常数,测取 $U=f(I)$。

4. 实验设备

实验中所用设备的名称、型号及数量如表 2-1 所示。

表 2-1　实验设备

序　号	型号	名　称	数　量
1	DJ23	校正直流测功机	1 台
2	DJ13	直流发电机	1 台
3	D41	三相可调电阻器	1 件
4	D42	三相可调电阻器	1 件
5	D44	三相可调电阻电容器	1 件
6	D31	直流电压、电流表	2 件
7	D51	波形测试及开关板	1 件
挂件建议排列顺序	D31、D42、D31、D41、D44、D51		

5. 实验方法

1)他励发电机

直流他励发电机的接线如图 2-1 所示，按图接线。图中直流发电机 G 选用 DJ13，其额定值 $P_N=100$ W，$U_N=200$ V，$I_N=0.5$ A，$n_N=1\ 600$ r/min。校正过的直流电机 MG 作为直流发电机 G 的原动机(按他励电动机接线)。MG、G 由联轴器直接连接。R_2 为发电机的负载电阻，选用 D42，采用串并联接法(900 Ω 与 900 Ω 电阻串联加上 900 Ω 与 900 Ω 并联)，阻值为 2 250 Ω。当负载电流大于 0.4 A 时用并联部分，而将串联部分阻值调至最小。R_{f2} 选用 D42 的 900 Ω 变阻器，并采用分压器接法。开关 S 选用 D51 组件。R_1 选用 D44 变阻器的 180 Ω 阻值。R_{f1} 选用 D44 变阻器的 1 800 Ω 阻值。直流电流表、电压表选用 D31，并选择合适的量程。

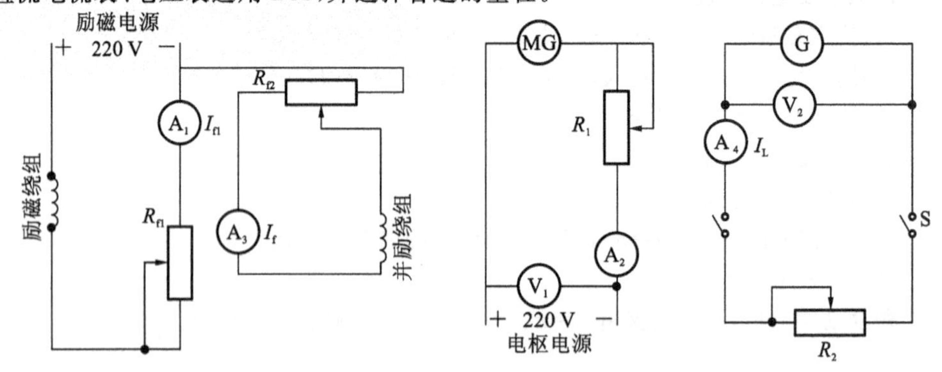

图 2-1　直流他励发电机接线图

(1)测空载特性。

①把发电机G的负载开关S打开，接通控制屏上的励磁电源开关，将R_{f2}调至使G励磁电压最小的位置。

②使MG电枢串联启动电阻R_1阻值最大，R_{f1}阻值最小，先接通控制屏下方左侧的励磁电源开关，在观察到MG的励磁电流为最大的条件下，再接通控制屏下方右侧的电枢电源开关，启动直流电机MG，其旋转方向应符合旋转的要求。

③电机MG启动正常运转后，将MG电枢串联电阻R_1调至最小值，将MG的电枢电源电压调为220 V，调节电机磁场调节电阻R_{f1}，使发电机转速达额定值，并在以后整个实验过程中始终保持此额定转速不变。

④调节发电机励磁分压电阻R_{f2}，直至发电机空载电压$U_0=1.25U_N$为止。

⑤在保持$n=n_N=1\ 600$ r/min的条件下，从$U_0=1.25U_N$开始，单方向调节分压器电阻R_{f2}，使发电机励磁电流逐渐次减小，每次测取发电机的空载电压U_0和励磁电流I_f，直至$I_f=0$(此时测得的电压即为发电机的剩磁电压)。

⑥测取数据时，$U_0=U_N$和$I_f=0$两点必须测取，且$U_0=U_N$附近测点应较密。

⑦共取7～8组数据，记录于表2-2中。

表2-2 $n=n_N=1\ 600$ r/min

U_0/V							
I_f/A							

(2)测外特性。

①把发电机负载电阻R_2调到最大值，合上负载开关S。

②同时调节电机的磁场调节电阻R_{f1}、发电机的分压电阻R_{f2}和负载电阻R_2，使发电机$I=I_N$，$U=U_N$，$n=n_N$，该点为发电机的额定运行点，其励磁电流称为额定励磁电流I_{fN}，记录该组数据。

③在保持$n=n_N$和$I=I_{fN}$不变的条件下，逐次增加负载电阻R_2，即减小发电机负载电流I_L，从额定负载到空载运行点范围内，每次测取发电机的电压U和电流I_L，直至空载(断开开关S，此时$I_L=0$)，共取6～7组数据，记录于表2-3中。

表2-3 $n=n_N=$______ r/min，$I=I_{fN}=$______ A

U/V							
I_L/A							

(3)测调整特性。

①调节发电机的分压电阻R_{f2}，保持$n=n_N$，使发电机空载达额定电压。

②在保持发电机$n=n_N$的条件下，合上负载开关S，调节负载电阻R_2，逐次增加发电机输出电流I_L，使发电机端电压保持额定值$U=U_N$。

③从发电机的空载至额定负载范围内，每次测取发电机的输出电流I_L和励磁电流I_f，共取5～6组数据，记录于表2-4中。

表 2-4　$n=n_N=$______ r/min, $U=U_N=$______ V

I_L/A							
I_f/A							

2)并励发电机实验

(1)观察自励过程。

①根据前述内容使电机 MG 停机，在断电的条件下将发电机 G 的励磁方式从他励改为并励，接线如图 2-2 所示。R_{f2}选用 D42 变阻器的 900 Ω 阻值，将 4 只相串联并调至最大阻值，断开开关 S。

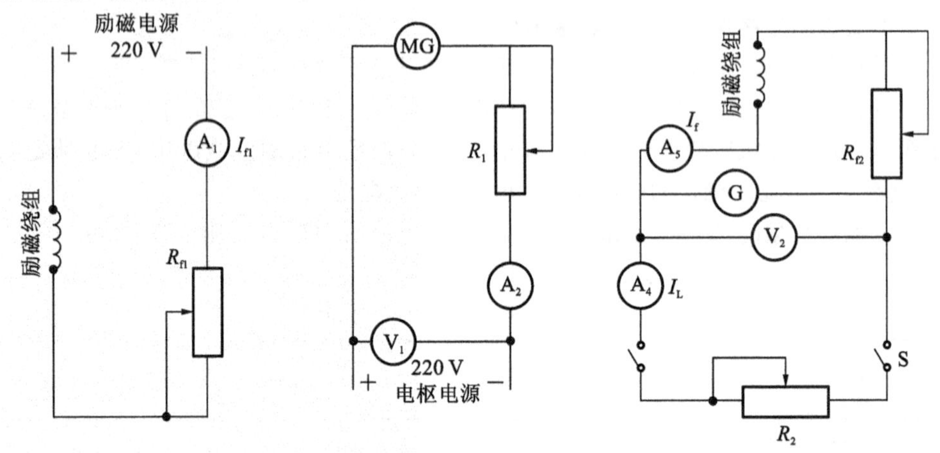

图 2-2　直流并励发电机接线图

②根据前述内容启动电机，调节电机转速，使发电机的转速 $n=n_N$，用直流电压表测量发电机是否有剩磁电压；若无剩磁电压，可将并励绕组改接成他励方式进行充磁。

③合上开关 S 后逐渐减小 R_{f2}，观察发电机电枢两端的电压，若电压逐渐上升，说明满足自励条件。如果不能自励建压，则将励磁回路的两个端头对调连接即可。

④保持一定的励磁电阻，逐步降低发电机转速，使发电机电压随之下降，直至电压不能建立，此时的转速即为临界转速。

(2)测外特性。

①调节负载电阻至最大值，合上负载开关 S。

②调节电机的磁场调节电阻 R_{f1}、发电机的磁场调节电阻 R_{f2} 和负载电阻 R_2，使发电机的转速、输出电压和电流三者均达额定值，即 $I_L=I_N$, $U=U_N$, $n=n_N$。

③保持此时 R_{f2} 的值和 $n=n_N$ 不变，逐次减小负载，直至 $I_L=0$，从额定到空载运行范围内每次测取发电机的电压 U 和电流 I_L。共取 6～7 组数据(包括空载时的电压 U_0)记录于表 2-5 中。

表 2-5　$n=n_N=$______ r/min, $R_{f2}=$常数

U/V							
I_L/A							

3)复励发电机实验

(1)积复励和差复励的判别。

①直流复励发电机的接线如图2-3所示，按图接线。R_{f2}选用D42变阻器的1 800 Ω阻值。C_1、C_2为串励绕组。

②合上开关S_1将串励绕组短接，使发电机处于并励状态运行，按上述并励发电机外特性实验方法，调节发电机输出电流$I_L=0.5I_N$。

③打开短路开关S_1，在保持发电机n、R_{f2}和R_2不变的条件下，观察发电机端电压的变化；若此时电压升高，即为积复励；若电压降低，则为差复励。

④如果对调串联绕组接线，即可将差复励发电机改为积复励发电机。

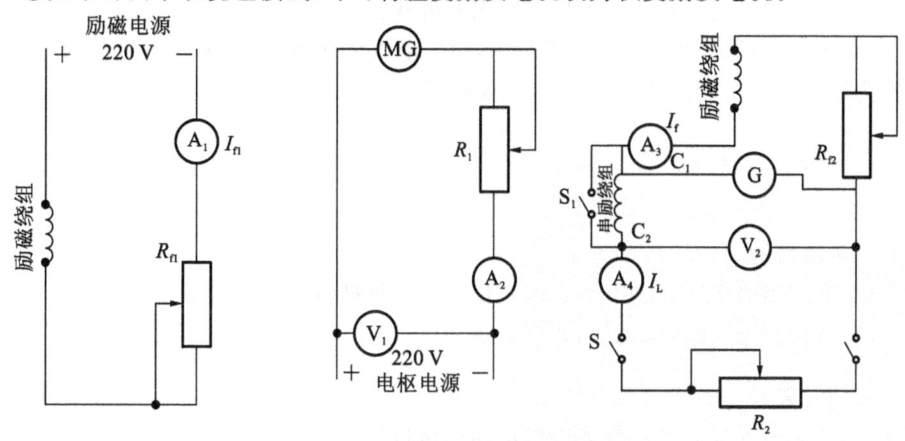

图2-3 直流复励发电机接线图

(2)积复励发电机的外特性。

①测取积复励发电机外特性的实验方法与测取并励发电机外特性的方法相同。先将发电机调到额定运行点，即$I_L=I_N$,$U=U_N$,$n=n_N$。

②保持此时R_{f2}的值和$n=n_N$不变，逐次减小发电机负载电流，直至$I_L=0$。

③从额定负载到空载范围内，每次测取发电机的电压U和电流I_L，共取6～7组数据，记录于表2-6中。

表2-6 $n=n_N=$______ r/min,$R_{f2}=$常数

U/V							
I_L/A							

6. 注意事项

(1)启动直流电机MG时，要注意将R_1调到最大，将R_{f1}调到最小，先接通励磁电源，观察到励磁电流I_{f1}达到最大值后，接通电枢电源，MG启动运转。启动完毕后，应将R_1调到最小。

(2)做外特性实验时，当电流超过0.4 A时，应将R_2中串联的电阻调至零，以免电流过大引起电阻器损坏。

7. 实验报告

(1)根据空载实验数据,作出空载特性曲线,由空载特性曲线计算出被测试发电机的饱和系数和剩磁电压的百分数。

(2)在同一张坐标纸上绘出他励、并励和复励发电机的三条外特性曲线,分别计算出三种励磁方式的电压变化率($\Delta U=[(U_0-U_N)/U_N]\times 100\%$),并分析差异原因。

(3)绘出他励发电机调整特性曲线,分析在发电机转速不变的条件下,负载增加时,要保持端电压不变必须增加励磁电流的原因。

8. 思考题

(1)并励发电机不能建立电压的原因有哪些?

(2)在发电机-电动机组成的机组中,当发电机负载增加时,为什么机组的转速会降低?为了保持发电机的转速 $n=n_N$,应如何调节?

2.2 直流并励电动机

1. 实验目的

(1)掌握测取直流并励电动机的工作特性和机械特性的实验方法。

(2)掌握直流并励电动机的调速方法。

2. 预习要点

(1)什么是直流电动机的工作特性和机械特性?

(2)直流电动机的调速原理是什么?

3. 实验项目

1)工作特性和机械特性

保持 $U=U_N$ 和 $I_f=I_{fN}$ 不变,测取 n、T_2、$\eta=f(I_a)$、$n=f(T_2)$。

2)调速特性

(1)改变电枢电压调速　保持 $U=U_N$、$I_f=I_{fN}$=常数,T_2=常数,测取 $n=f(U_a)$。

(2)改变励磁电流调速　保持 $U=U_N$,T_2=常数,测取 $n=f(I_f)$。

(3)观察能耗制动过程。

4. 实验设备

实验中所用设备的名称、型号和数量如表 2-7 所示。

表 2-7　实验设备

序　号	型号	名　称	数　量
1	DJ23	校正直流测功机	1 台
2	DJ15	直流电动机	1 台

续表

序　　号	型号	名　　称	数　　量
3	D41	三相可调电阻器	1件
4	D42	三相可调电阻器	1件
5	D44	三相可调电阻电容器	1件
6	D31	直流电压、电流表	2件
挂件建议排列顺序	D31、D42、D31、D41、D44		

5. 实验方法

1)并励电动机的工作特性和机械特性

(1)直流并励电动机的接线如图 2-4 所示，按图接线，将校正过的直流电机 MG 按他励发电机的方式连接，在此作为直流电动机 M 的负载，用于测量电动机的转矩和输出功率。R_1 用 D44 变阻器的 180 Ω 阻值，R_{f1} 选用 D44 变阻器的 1 800 Ω 阻值，R_2 选用 D42 变阻器的 900 Ω 与 900 Ω 并联电阻值，R_{f2} 用 D42 变阻器的 1 800 Ω 与1 800 Ω串联电阻值。

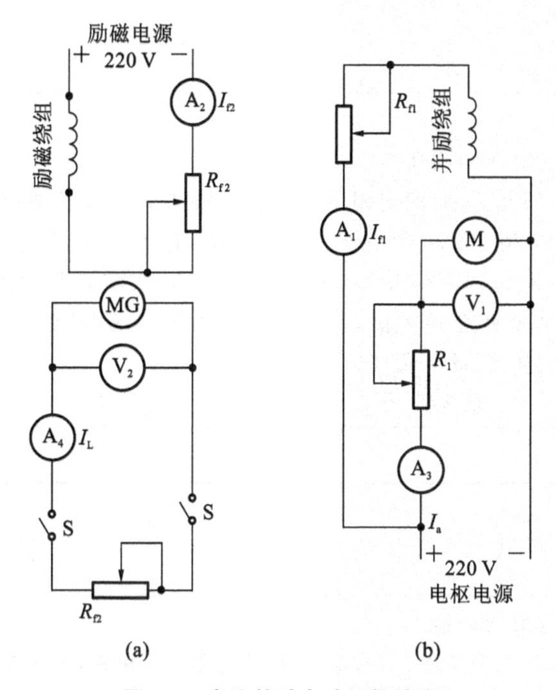

图 2-4　直流并励电动机接线图

(2)将直流并励电动机 M 的磁场调节电阻 R_{f1} 调至最小值，电枢串联启动电阻 R_1 调至最大值，接通控制屏下方右侧的电枢电源开关使其启动，其旋转方向应符合转速表正向旋转的要求。

(3)电动机M启动正常后,再将其电枢串联电阻 R_1 调至零,调节电枢电源的电压为220 V,调节校正直流发电机的励磁电流 I_{f2} 为校正值(50 mA或100 mA),再调节其负载电阻 R_2 和电动机的磁场调节电阻 R_{f1},使电动机达到额定值,即 $U=U_N$,$I=I_N$,$n=n_N$。此时电动机M的励磁电流 I_{f1} 即为额定励磁电流 I_{fN}。

(4)保持 $U=U_N$、$I_{f1}=I_{fN}$、I_{f2} 为校正值不变的条件下,逐次减小电动机负载,测取电动机电枢输入电流 I_a,转速 n 和校正电机的负载电流 I_L(由校正曲线查出对应转矩 T_2),共取数据6~7组,记录于表2-8中。

表2-8 $U=U_N=$____ V,$I_{f1}=I_{fN}=$____ A,$I_{f2}=$____ A

实验数据	I_a							
	$n/(r/min)$							
	I_L/A							
	$T_2/(N\cdot m)$							
计算数据	P_2/W							
	P_1/W							
	$\eta/(\%)$							
	$\Delta n/(\%)$							

2)调速特性

(1)改变电枢端电压的调速。

①直流电动机M运行后,将电阻 R_1 调至零,将 I_{f2} 调至校正值,再调节负载电阻 R_2、电枢电压及磁场电阻 R_{f1},使M的 $U=U_N$,$I=0.5I_N$,$I_{f1}=I_{fN}$,记下此时MG的 I_L 值。

②保持此时的 I_{fL} 值(即 T_2 值)和 $I_{f1}=I_{fN}$ 不变,逐次增加 R_1 的阻值,降低电枢两端的电压 U_a,使 R_1 从零调至最大值,每次测取电动机的端电压 U_a、转速 n 和电枢电流 I_a。共取数据5~6组,记录于表2-9中。

表2-9 $I_{f1}=I_{fN}=$____ A,$T_2=$____ N·m

U_a/V							
$n/(r/min)$							
I_a/A							

(2)改变励磁电流的调速。

①直流电动机运行后,将M的电枢串联电阻 R_1 和磁场调节电阻 R_{f1} 调至零,将MG的磁场调节电阻 I_{f2} 调至校正值,再调节M的电枢电源调压旋钮和MG的负载,使电动机M的 $U=U_N$,$I=0.5I_N$,$I_{f1}=I_{fN}$,记下此时MG的 I_L 值。

②保持此时MG的 I_L 值(即 T_2 值)和M的 $U=U_N$ 的值不变,逐次增加磁场电阻 R_{f1} 阻值,直至 $n=1.3\ n_N$,每次测取电动机的 n、I_{f1}、I_a。共取数据5~6组,记录于

表 2-10 中。

表 2-10　$U=U_N=$____V，$T_2=$____N·m

n/(r/min)							
I_{f1}/A							
I_a/A							

(3)能耗制动。

①并励电动机能耗制动的接线如图 2-5 所示，按图接线，先断开 S_1，合上控制屏下方右侧的电枢电源开关，把 M 的励磁调节电阻 R_{f1} 调至零，使电动机的励磁电流最大。

②把 M 的电枢串联启动电阻 R_1 调至最大，合上 S_1 接通电枢电源，使电动机启动。

③运转正常后，把 S_1 拨向空位（可通过从 S_1 任一端拔出一根导线插头来操作）。由于电枢电路断开，电动机自由停机，记录停机时间。

④重复步骤②启动电动机，待运转正常后，断开 S_1，记录停机时间。

⑤选择 R_L 不同的阻值，重复步骤④，观察 R_L 对停机时间的影响。

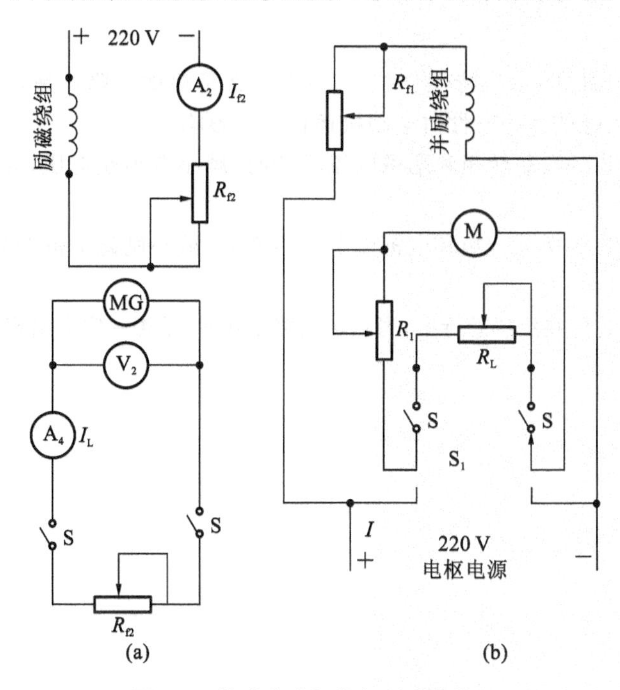

图 2-5　并励电动机能耗制动接线图

6. 实验报告

(1)由表 2-8 计算 η，并绘出 n、T_2、$\eta=f(I_a)$ 及 $n=f(T_2)$ 的特性曲线。

电动机输出功率为

$$P_2=0.105\ nT_2$$

式中：输出转矩 T_2 的单位为 N·m(转速 n 及 I_L，从校正曲线 $T_2=f(I_L$ 查得)；转速 n 的单位为 r/min。

电动机输入功率为 $P_1=U_I$

输出电流为 $I=I_a+I_{fN}$

电动机效率为 $\eta=\frac{P_2}{P_1}\times100\%$

由工作特性求出转速变化率为

$$\Delta n=\frac{n_0-n_N}{n_N}\times100\%$$

(2)绘出并励电动机转速特性曲线 $n=f(U_a)$ 和 $n=f(I_f)$。分析在恒转矩负载时两种调速的电枢电流变化规律及两种调速方法的优缺点。

(3)能耗制动时间与制动电阻 R_L 的阻值有什么关系？为什么？该制动方法有什么缺点？

7.思考题

(1)并励电动机的速率特性 $n=f(I_a)$ 为什么是略微下降？是否会出现上翘的现象？为什么？上翘的速率特性对电动机运行有何影响？

(2)当电动机的负载转矩和励磁电流不变时，减小电枢端电压，为什么会导致电动机转速降低？

(3)当电动机的负载转矩和电枢端电压不变时，减小励磁电流会导致转速的升高，为什么？

(4)并励电动机在负载运行中，当磁场回路断线时，是否一定会出现“飞速”？为什么？

3 变压器实验

3.1 单相变压器

1. 实验目的

(1)通过空载和短路实验测定变压器的变比和参数。

(2)通过负载实验测取变压器的运行特性。

2. 预习要点

(1)变压器的空载和短路实验有什么特点?实验中电源电压一般加在哪一方较合适?

(2)在空载和短路实验中,各种仪表应怎样连接才能使测量误差最小?

(3)如何用实验方法测定变压器的铁耗及铜耗?

3. 实验项目

1)空载实验

测取空载特性 $U_0=f(I_0)$,$P_0=f(U_0)$。

2)短路实验

测取短路特性 $U_k=f(I_k)$,$P_k=f(U_k)$。

3)负载实验

(1)负载　保持 $U_1=U_N$,$\cos\varphi=1$ 的条件下,测取 $U_2=f(I_2)$。

(2)负载　保持 $U_1=U_{1N}$,$\cos\varphi=0.8$ 的条件下,测取 $U_2=f(I_2)$。

4. 实验设备

实验中所用设备的名称、型号和数量如表 3-1 所示。

5. 实验方法

1)空载实验

(1)在三相调压交流电源断电的条件下,按图 3-1 所示空载实验接线图接线。被测

表 3-1 实验设备

序 号	型号	名 称	数 量
1	D33	交流电压表	1 件
2	D32	交流电流表	1 件
3	D34-3	单、三相智能功率及功率因数表	1 件
4	DJ11	三相组式变压器	1 件
5	D42	三相可调电阻器	1 件
6	D43	三相可调电抗器	1 件
7	D51	波形测试及开关板	1 件
建议排列顺序	D33、DJ11、D32、D34-3、D42、D43、D51		

试变压器选用三相组式变压器 DJ11 中的一只作为单相变压器，其额定容量 $P_N=77$ W，$U_{1N}/U_{2N}=220$ V/55 V，$I_{1N}/I_{2N}=0.35$ A/1.4 A。变压器的低压线圈 a、x 接电源，高压线圈 A、X 开路。

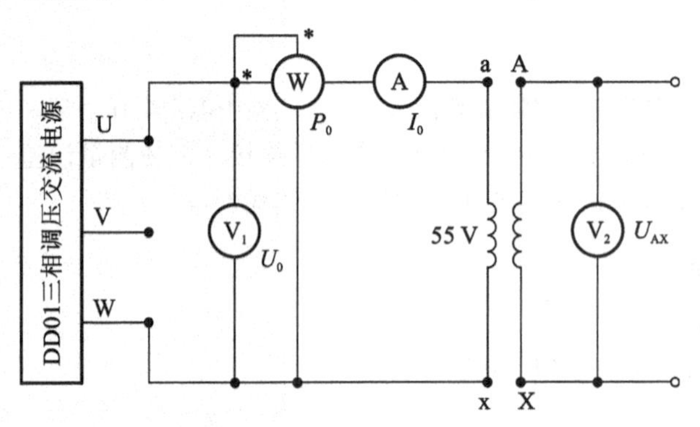

图 3-1 空载实验接线图

(2)选好所有电表的量程。将控制屏左侧调压器旋钮逆时针旋转到底，即将其调到输出电压为零的位置。

(3)合上交流电源总开关，按下“开”按钮，接通三相交流电源。调节调压器旋钮，使变压器空载电压 $U_0=1.2U_N$，然后，逐次降低电源电压，在$(1.2\sim0.2)U_N$ 范围内，测取变压器的 U_0、I_0、P_0。

(4)测取数据时，在 $U=U_N$ 点必须测，并在该点附近测的点较密，共测取数据 6～7 组，并将数据记录于表 3-2 中。

(5)为了计算变压器的变比，在 U_N 以下测取原方电压的同时测出副方电压，数据也记录于表 3-2 中。

表 3-2 空载实验数据

序　　号	实 验 数 据				计算数据
	U_0/V	I_0/A	P/W	U_A/V	$\cos\varphi_0$

2)短路实验

(1)按下控制屏上的“关”按钮,切断三相调压交流电源,按图 3-2 所示短路实验接线图接线(以后每次改接线路,都要关掉电源)。将变压器的高压线圈接电源,将其低压线圈短路。

(2)选好所有电表的量程,将交流调压器旋钮调到输出电压为零的位置。

(3)接通交流电源,逐次缓慢增加输入电压,直到短路电流等于 $1.1I_N$ 为止;在 $(0.2\sim1.1)I_N$ 范围内测取变压器的 U_k、I_k、P_k。

(4)测取数据时,在 $I_k=I_N$ 点必须测,共测取数据 5～6 组记录于表 3-3 中。实验时记录下环境温度(℃)。

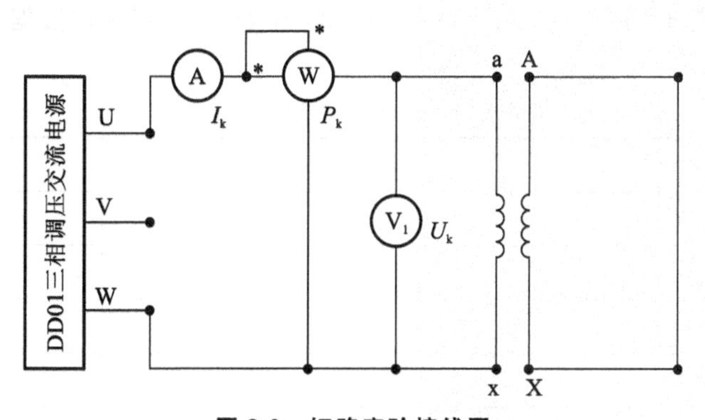

图 3-2 短路实验接线图

表 3-3 室温______℃

序　　号	实 验 数 据			计算数据
	U_k/V	I_k/A	P_k/W	$\cos\varphi_k$

3)负载实验

负载实验的接线如图 3-3 所示，变压器低压线圈接电源，高压线圈经过开关 S_1 和 S_2，接到负载电阻 R_L 和电抗 X_L 上。R_L 选用 D42，X_L 选用 D43，功率因数表选用 D34。

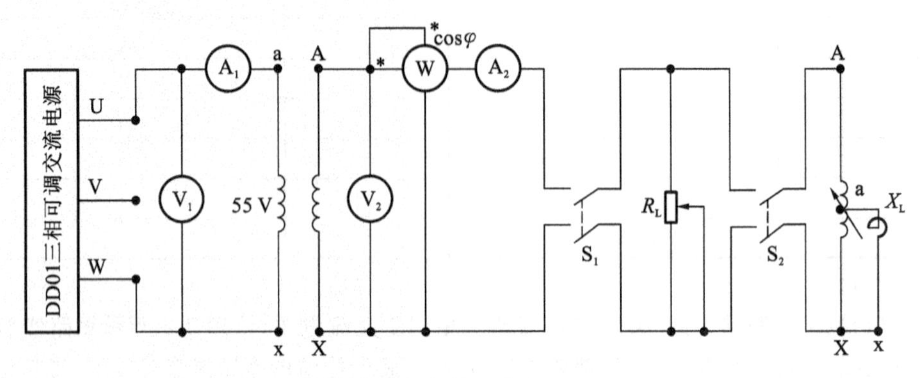

图 3-3　负载实验接线图

(1)纯电阻负载。

①将调压器旋钮调到输出电压为零的位置，打开 S_1、S_2，将负载电阻值调到最大。

②接通交流电源，逐渐升高电源电压，使变压器输入电压 $U_1=U_N$。

③在保持 $U_1=U_N$ 的条件下，合上 S_1，逐渐增加负载电流，即减小负载电阻 R_L 的值，从空载到额定负载的范围内测取变压器的输出电压 U_2 和电流 I_2。

④测取数据时，在 $I_2=0$ 和 $I_2=I_{2N}=0.35$ A 处必测，共测取数据 5～7 组，记录于表 3-4 中。

表 3-4　$\cos\varphi_2=1, U_1=U_N=$______ V

序　　号	U_2/V	I_2/A

(2)电阻感性负载($\cos\varphi_2=0.8$)。

①用电抗器 X_L 和 R_L 并联作为变压器的负载，打开 S_1、S_2，将电阻及电抗值调至最大。

②接通交流电源，升高电源电压至 $U_1=U_{1N}$。

③合上 S_1、S_2，在保持 $U_1=U_N$ 及 $\cos\varphi_2=0.8$ 的条件下，逐渐增加负载电流，在空

载到额定负载的范围内，测取变压器 U_2 和 I_2。

④测取数据时，在 $I_2=0$ 和 $I_2=I_{2N}$ 两点必测，共测取数据 5～6 组，记录于表 3-5 中。

表 3-5 $\cos\varphi_2=0.8, U_1=U_N=$______ V

序　　号	U_2/V	I_2/A

6. 注意事项

(1)在变压器实验中，应注意电压表、电流表、功率表的合理布置及量程选择。

(2)短路实验操作要快，否则线圈发热会引起电阻值的变化。

7. 实验报告

1)计算变比

由空载实验测取变压器的原、副方电压数据，分别计算出变比，然后取其平均值作为变压器的变比 K，即

$$K=U_{AX}/U_{ax}$$

2)绘出空载特性曲线和计算激磁参数

(1)绘制空载特性曲线。

$$U_0=f(I_0),\quad P_0=f(U_0),\quad \cos\varphi_0=f(U_0)$$

式中，$\cos\varphi_0=\dfrac{P_0}{U_0 I_0}$。

(2)计算激磁参数。

从空载特性曲线上查出对应于 $U_0=U_N$ 时的 I_0 和 P_0 值，并由下式算出激磁参数：

$$r_m=\frac{P_0}{I_0^2},\quad Z_m=\frac{U_0}{I_0},\quad X_m=\sqrt{Z_m^2-r_m^2}$$

3)绘出短路特性曲线和计算短路参数

(1)绘出短路特性曲线。

$$U_k=f(I_k),\quad P_k=f(I_k),\quad \cos\varphi_k=f(I_k)$$

(2)计算短路参数。从短路特性曲线上查出对应于短路电流 $I_k=I_N$ 时的 U_k 和 P_k 值，由下式算出实验环境温度为 θ(℃)时的短路参数。

$$Z_k'=\frac{U_k}{I_k},\quad r_k'=\frac{P_k}{I_k^2},\quad X_k'=\sqrt{Z_k'^2-r_k'^2}$$

折算到低压方 $Z_k=\frac{Z'_k}{K^2}$，$r_k=\frac{r'_k}{K^2}$，$X_k=\frac{X'_k}{K^2}$

由于短路电阻 r_k 随温度的变化而变化，因此，算出的短路电阻应按国家标准换算到基准工作温度 75℃时的阻值，即

$$r_{k=75℃}=r_{k=\theta}\frac{234.5+75}{234.5+\theta}$$

$$Z_{k=75℃}=\sqrt{r_{k=75℃}^2+X_k{}^2}$$

式中，234.5 为铜导线的常数，若用铝导线，该常数应改为 228。

计算短路电路电压(阻抗电压)百分比为

$$U_k(\%)=\frac{I_N Z_{k=75℃}}{U_N}\times100\%,\quad U_{kr}(\%)=\frac{I_N r_{k=75℃}}{U_N}\times100\%,\quad U_{kx}(\%)=\frac{I_N X_k}{U_N}\times100\%$$

$I_k=I_N$ 时的短路损耗为

$$P_{kN}=I_N^2 r_{k=75℃}$$

4)绘出"Γ"形等效电路

利用空载和短路实验测定的参数，画出被测试变压器折算到低压方的"Γ"形等效电路。

5)变压器的电压变化率 Δu

(1)绘出 $\cos\varphi_2=1$ 和 $\cos\varphi_2=0.8$ 的两条外特性曲线 $U_2=f(I_2)$，由特性曲线计算出 $I_2=I_{2N}$时的电压变化率，即

$$\Delta u=\frac{U_{20}-U_2}{U_{20}}\times100\%$$

(2)根据实验求出的参数，算出 $I_2=I_{2N}$、$\cos\varphi_2=1$ 和 $I_2=I_{2N}$、$\cos\varphi_2=0.8$ 时的电压变化率，即

$$\Delta u=U_{kr}\cos\varphi_2+U_{kx}\sin\varphi_2$$

将两种计算结果进行比较，并分析不同性质的负载对变压器输出电压 U_2 的影响。

6)绘出被测试变压器的效率特性曲线

(1)用间接法算出 $\cos\varphi_2=0.8$ 不同负载电流时的变压器效率，记录于表 3-6 中。变压器效率计算为

$$\eta=\left(1-\frac{P_0+I_2^{*2}P_{kN}}{I_2^* P_N\cos\varphi_2+P_0+I_2^{*2}P_{kN}}\right)\times100\%$$

式中：$I_2^* P_N\cos\varphi_2=P_2$(W)；$P_{kN}$为变压器 $I_k=I_N$ 时的短路损耗(W)；P_0 为变压器 $U_0=U_N$ 时的空载损耗(W)；$I_2^*=I_2/I_{2N}$为副边电流标么值。

表 3-6 $\cos\varphi_2=0.8$，$P_0=$______ W，$P_{kN}=$______ W

I_2^*	P_2/W	η/(%)
0.2		
0.4		

续表

I_2^*	P_2/W	η/(%)
0.6		
0.8		
1.0		
1.2		

(2)由计算数据绘出变压器的效率曲线 $\eta=f(I_2^*)$。

(1)计算被测试变压器 $\eta=\eta_{max}$时的负载系数 β_m,计算式为

$$\beta_m=\sqrt{\frac{P_0}{P_{kn}}}$$

3.2 三相变压器

1. 实验目的

(1)通过空载和短路实验,测定三相变压器的变比和参数。

(2)通过负载实验,测取三相变压器的运行特性。

2. 预习要点

(1)如何用双瓦特计法测三相功率?空载和短路实验应如何合理布置仪表?

(2)三相芯式变压器的三相空载电流是否对称?

(3)如何测定三相变压器的铁耗和铜耗?

3. 实验项目

1)测定变比

通过空载和短路实验,测定三相变压器的变比。

2)空载试验

测取空载特性 $U_0=f(I_0)$,$P_0=f(U_0)$,$\cos\varphi=f(U_0)$。

3)短路实验

测取短路特性 $U_k=f(I_k)$,$P_k=f(I_k)$,$\cos\varphi_k=f(I_k)$。

4)纯电阻负载实验

保持 $U_1=U_N$,$\cos\varphi_2=1$ 的条件下,测取 $U_2=f(I_2)$。

4. 实验设备

实验中所用设备的名称、型号和数量如表 3-7 所示。

表 3-7 实验设备

序　号	型　号	名　称	数　量
1	D33	交流电压表	1 件
2	D32	交流电流表	1 件
3	D34-3	单、三相智能功率及功率因数表	1 件
4	DJ12	三相三线圈芯式变压器	1 件
5	D42	三相可调电阻器	1 件
6	D51	波形测试及开关板	1 件
建议排列顺序	D33、DJ12、D32、D34-3、D42、D51		

5. 实验方法

1)测定变比

三相变压器变比实验接线图如图 3-4 所示，被测试变压器选用 DJ12 三相三线圈芯式变压器，额定容量 P_n=152 W/152 W/152 W，U_N=220 V/63.6 V/55 V，I_N=0.4 A/1.38 A/1.6 A，以 Y/△/Y 接法实验时，只用高、低压两组线圈，低压线圈接电源，高压线圈开路。将控制屏左侧调压器旋钮逆时针旋转到底，即将三相交流电源输出电压调为零的位置。开启控制屏上电源总开关，按下“开”按钮，电源接通后，调节外施加电压 $U=0.5U_N=27.5$ V，测取高、低线圈的线电压 U_{AB}、U_{BC}、U_{CA}、U_{ab}、U_{bc}、U_{ca}，记录于表 3-8 中。

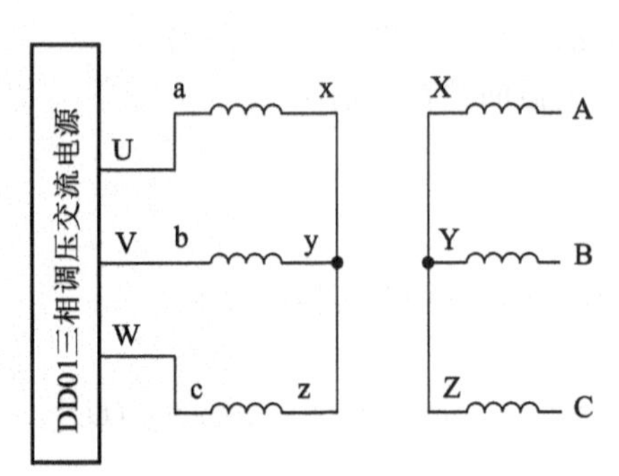

图 3-4 三相变压器变比实验接线图

表 3-8 变比实验数据

高压绕组线电压/V		低压绕组线电压/V		变比 K	
U_{AB}		U_{ab}		K_{AB}	
U_{BC}		U_{bc}		K_{BC}	
U_{CA}		U_{ca}		K_{CA}	

计算变比 K，计算公式如下。

$$K_{AB}=\frac{U_{AB}}{U_{ab}},\quad K_{BC}=\frac{U_{BC}}{U_{bc}},\quad K_{CA}=\frac{U_{CA}}{U_{ca}}$$

则平均变比为

$$K=\frac{1}{3}(K_{AB}+K_{BC}+K_{CA})$$

2)空载实验

(1)将控制屏左侧三相交流电源的调压旋钮调到输出电压为零的位置,按下“关”按钮,在断电的条件下,按图3-5所示三相变压器空载实验接线图接线。变压器低压线圈接电源,高压线圈开路。

(2)按下“开”按钮接通三相交流电源,调节电压,使变压器的空载电压$U_0=1.2U_N$。

(3)逐次降低电源电压,在$(1.2\sim0.2)U_N$范围内测取变压器三相线电压、线电流和功率。

(4)测取数据时,在$U_0=U_N$的点必测,共测取数据6~7组,记录于表3-9中。

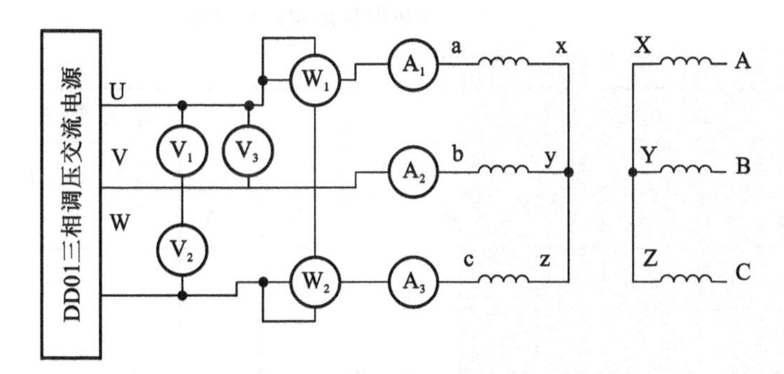

图3-5 三相变压器空载实验接线图

表3-9 空载实验数据

序号	实验数据								计算数据			
	U_0/V			I_0/A			P_0/W		U_0/V	I_0/A	P_0/W	$\cos\varphi_0$
	U_{ab}	U_{bc}	U_{ca}	I_{a0}	I_{b0}	I_{c0}	P_{01}	P_{02}				

3)短路实验

(1)将三相交流电源的输出电压调至零,按下“关”按钮,在断电的条件下,按图3-6所示三相变压器短路实验接线图接线。变压器高压线圈接电源,低压线圈直接短路。

(2)按下“开”按钮接通电源，在(1.1～0.2)I_N 的范围内，测取变压器的三相输入电压、电流及功率。

(3)测取数据时，在 $I_k=I_N$ 点必测，共测取数据 5～6 组，记录于表 3-10 中。实验时记下环境温度(℃)，并将其作为线圈的实际温度。

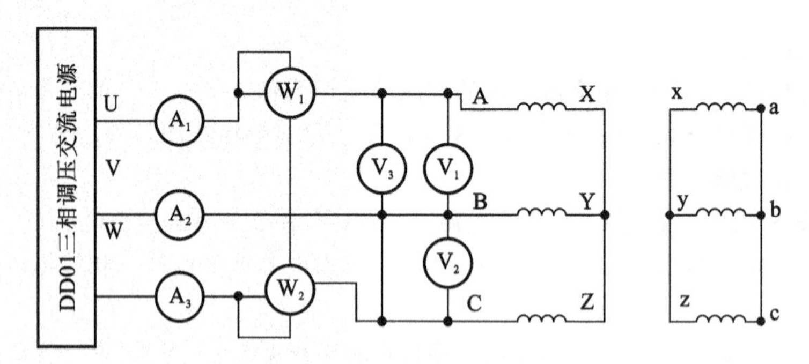

图 3-6 三相变压器短路实验接线图

表 3-10 室温______℃

序号	实验数据								计算数据			
	U_k/V			I_k/A			P_k/W		U_0 /V	I_k /A	$P_k=P_{W1}+P_{W2}$ /W	$\cos\varphi_0$
	U_{AB}	U_{BC}	U_{CA}	I_A	I_B	I_C	P_{W1}	P_{W2}				

4)纯电阻负载实验

(1)将电源电压调至零值，按下“关”按钮，按图 3-7 所示三相变压器负载实验接线图接线。变压器低压线圈接电源，高压线圈经开关 S 接负载电阻 R_1，R_1 选用 D42 变阻器的 1 800 Ω 阻值，共三只。将负载电阻 R_L 阻值调至最大，打开开关 S。

(2)按下“开”按钮接通电源，调节交流电压，使变压器的输入电压 $U_1=U_N$。

(3)在保持 $U_1=U_{1N}$ 的条件下，合上开关 S，逐次增加负载电流，从空载到额定负载范围内，测取三相变压器输出线电压和相电流。

(4)测取数据时，在 $I_2=0$ 和 $I_2=I_N$ 两点必测，共测取数据 5～6 组，记录于表 3-11 中。

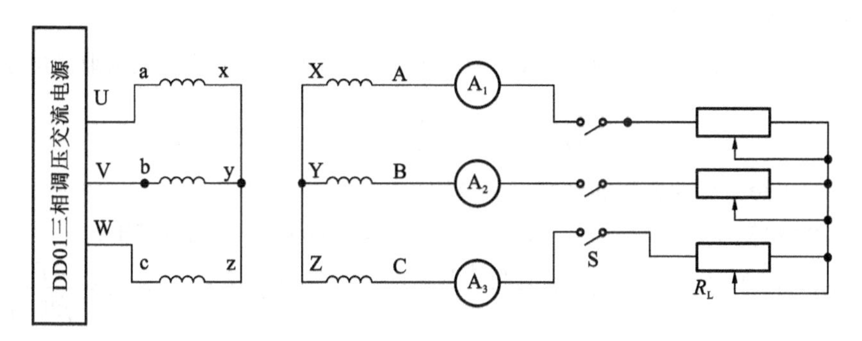

图 3-7 三相变压器负载实验接线图

表 3-11 $U_1=U_N=$______ V, $\cos\varphi_2=1$

序号	U/V				I/A			
	U_{AB}	U_{BC}	U_{CA}	U_2	I_A	I_B	I_C	I_2

6. 注意事项

在三相变压器实验中，应注意电压表、电流表和功率表的合理布置。做短路实验时，操作要快，否则线圈发热会引起电阻值的变化。

7. 实验报告

1)计算变压器的变比

根据实验数据，计算各线电压之比，然后取其平均值作为变压器的变比，计算公式如下。

$$K_{AB}=\frac{U_{AB}}{U_{ab}},\quad K_{BC}=\frac{U_{BC}}{U_{bc}},\quad K_{CA}=\frac{U_{CA}}{U_{ca}}$$

则三相变压器变比为 $K=\frac{1}{3}(K_{AB}+K_{BC}+K_{CA})$

2)根据空载实验数据作空载特性曲线并计算激磁参数

(1)绘出空载特性曲线 $U_0=f(I_0)$，$P_0=f(U_0)$，$\cos\varphi_0=f(U_0)$，式中：

$$U_0=\frac{U_{ab}+U_{bc}+U_{ca}}{3},\quad I_0=\frac{I_a+I_b+I_c}{3},\quad P_0=P_{01}+P_{02},\quad \cos\varphi_0=\frac{P_0}{\sqrt{3}U_0I_0}$$

(2)计算激磁参数。

从空载特性曲线查出对应于 $U_0=U_N$ 时的 I_0 和 P_0 值，并由下式求取激磁参数：

$$r_m=\frac{p_0}{3I_0^2},\quad Z_m=\frac{U_0}{\sqrt{3}I_0},\quad X_m=\frac{\sqrt{3}I_0}{\sqrt{Z_m^2-r_m^2}}$$

3)绘出短路特性曲线和计算短路参数

(1)绘出短路特性曲线 $U_k=f(I_k)$，$P_k=f(I_k)$，$\cos\varphi_k=f(I_k)$，式中：

$$U_k=\frac{U_{AB}+U_{BC}+U_{CA}}{3},\quad I_k=\frac{I_A+I_B+I_C}{3},\quad P_k=P_{W1}+P_{W2},\cos\varphi_k=\frac{P_k}{\sqrt{3}U_kI_k}$$

(2)计算短路参数。

从短路特性曲线查出对应于 $I_k=I_N$ 时的 U_k 和 P_k 值，并由下式算出实验环境温度 θ(℃)时的短路参数：

$$r'_k=\frac{P_k}{3I_N^2},\quad Z'_k=\frac{U_k}{\sqrt{3}I_N},\quad X'_k=\sqrt{Z_k'^2-r_k'^2}$$

折算到低压方，即

$$Z_k=\frac{Z'_k}{k^2},\quad r_k=\frac{r'_k}{k^2},\quad X_k=\frac{X'_k}{k^2}$$

换算到基准工作温度下的短路参数 $r_{k=75℃}$ 和 $Z_{k=75℃}$（换算方法见 3.1 节），计算短路电压百分数为

$$U_k=\frac{\sqrt{3}I_NZ_{k=75℃}}{k^2}\times100\%,\quad U_{kr}=\frac{\sqrt{3}I_Nr_{k=75℃}}{U_N}\times100\%,\quad U_{kX}=\frac{\sqrt{3}I_NX_k}{U_N}\times100\%$$

计算 $I_k=I_N$ 时的短路损耗为 $\qquad P_{kN}=3I_N^2r_{k=75℃}$

4)绘出 T 形等效电路

根据空载和短路实验测定的参数，画出被测试变压器的 T 形等效电路。

5)变压器的电压变化率

(1)根据实验数据绘出 $\cos\varphi_2=1$ 时的特性曲线 $U_2=f(I_2)$，由特性曲线设计算出 $I_2=I_{2N}$时的电压变化率为

$$\Delta U=\frac{U_{20}-U_2}{U_{2N}}\times100\%$$

(2)根据实验求出的参数，算出 $I_2=I_N$，$\cos\varphi_2=1$ 时的电压变化率为

$$\Delta U=(U_{kr}\cos\varphi_2+U_{kx}\sin\varphi_2)$$

6)绘出被测试变压器的功率特性曲线

(1)用间接法算出在 $\cos\varphi_2=0.8$ 时，不同负载电流时的变压器效率，记录于表 3-12 中。

表 3-12 $\cos\varphi_2=0.8$，$P_0=$______ W，$P_{kN}=$______ W

I_2	P_2/W	η/(%)
0.2		

续表

I_2	P_2/W	η/(%)
0.4		
0.6		
0.8		
1.0		
1.2		

$$\eta=\left(1-\frac{P_0+I_2^2P_{kN}}{I_2P_N\cos\varphi_2+P_0+I_2^2P_{kN}}\right)\times 100\%$$

式中：P_N 为变压器的额定容量；P_{kN}为变压器 $I_k=I_N$ 时的短路损耗；P_0 为变压器的 $U_0=U_N$ 时的空载损耗。

(2)计算被测试变压器 $\eta=\eta_{max}$时的负载系数 β_{m0}：

$$\beta_{m0}=\sqrt{\frac{P_0}{P_{kN}}}$$

续表

4 异步电动机实验

4.1 三相鼠笼异步电动机的工作特性

1. 实验目的

(1)用直接负载法测取三相鼠笼异步电动机的工作特性。

(2)测定三相鼠笼异步电动机的参数。

2. 预习要点

(1)异步电动机的工作特性有哪些?

(2)异步电动机的等效电路有哪些参数?它们的物理意义是什么?

(3)工作特性和参数的测定方法。

3. 实验项目

(1)判定定子绕组的首末端。

(2)空载实验。

(3)短路实验。

(4)负载实验。

4. 实验设备

实验中所用设备的名称、型号和数量如表 4-1 所示。

表 4-1 实验设备

序号	型号	名称	数量
1	D33	交流电压表	1 件
2	D32	交流电流表	1 件
3	D34-3	单、三相智能功率及功率因数表	1 件

续表

序　　号	型　　号	名　　称	数　　量
4	DJ16	三相鼠笼异步电动机	1 件
5	D42	三相可调电阻器	1 件
6	D31	直流电压、电流表	1 件
7	DJ23	校正直流测功机	1 台
屏上排列顺序	D32、D33、D34-3、DJ16、DJ23、D31、D42		

5. 实验步骤

1)判定定子绕组的首末端

先用万用表测出各相绕组的两个线端，再将其中的任意两相绕组串联，如图 4-1 所示，并将控制屏左侧调压器旋钮调至零位，然后开启电源总开关，按下"开"按钮，接通交流电源。调节调压旋钮，在绕组端施以单相低电压 U(＝80～100 V，注意电流不应超过额定值)，测出第三相绕组的电压：如测得的电压值有一定读数，表示两相绕组的末端与首端相联，如图 3-1(a)所示；反之，如测得电压近似为零，则表示两相绕组的末端与末端(或首端与首端)相连，如图 3-1(b)所示。使用同样方法测出第三相绕组的首末端。

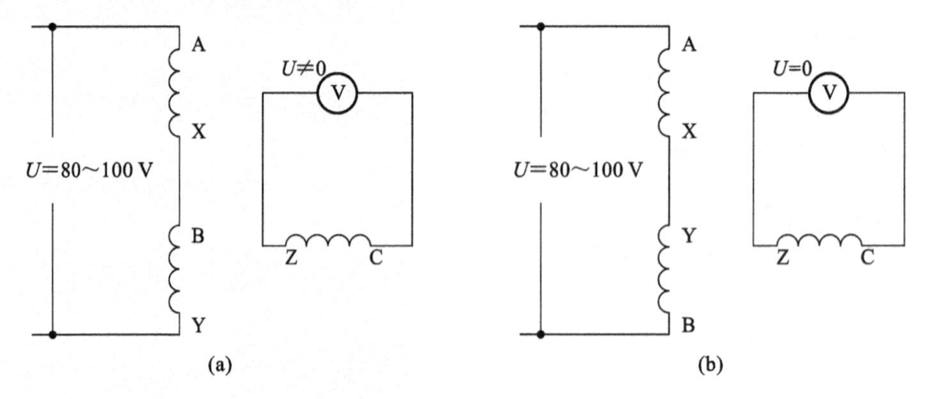

图 4-1　三相交流绕组首末端测定

2)空载实验

(1)按图 4-2 所示接线图接线。电动机绕组为△接法(U_N＝220 V)，不接负载电机。

(2)将交流调压器调至电压最小位置，接通电源，逐渐升高电压，使电动机启动旋转，观察电动机旋转方向，使电动机旋转方向符合要求(如转向不符合要求，需调整相序时，必须切断电源)。

(3)保持电动机在额定电压下空载运行数分钟，使机械损耗稳定后再进行实验。

(4)调节电压，由 1.2 倍额定电压开始逐渐降低电压，直至电流或功率显著增大为止。在这范围内读取空载电压、空载电流、空载功率。

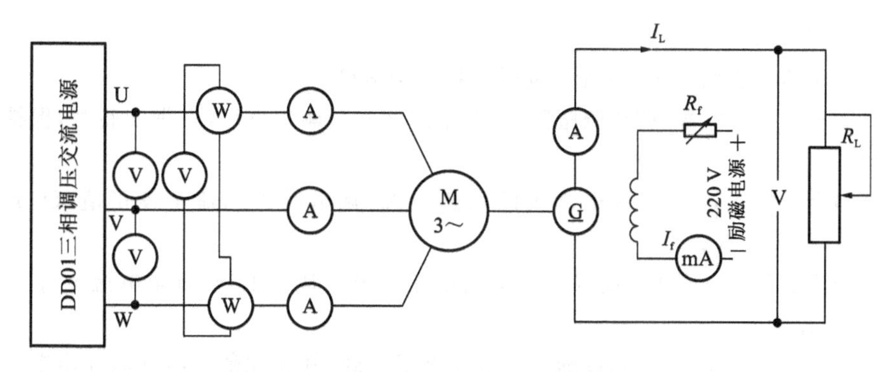

图 4-2 三相鼠笼异步电动机实验接线图

(5)在测取空载实验数据时，在额定电压附近多测几点，共测取数据 7～9 组，记录于表 4-2 中。

表 4-2 空载实验测量数据

序号	U_0/V				I_0/A				P_0/W			$\cos\varphi_0$
	U_{AB}	U_{BC}	U_{CA}	U_0	I_A	I_B	I_C	I_0	$P_{Ⅰ}$	$P_{Ⅱ}$	P_0	

3)短路实验

(1)实验接线如图 4-2 所示，用制动工具将三相电动机制动。

(2)将调压器调至零，合上交流电源，调节调压器，使电压逐渐上升，直到短路电流达到 1.2 倍额定电流时，再逐渐降压，使短路电流降至 0.3 倍额定电流为止。

(3)在此范围内读取短路电压、短路电流、短路功率。

(4)测取数据 4～5 组，记录于表 4-3 中。

表 4-3 短路实验测量数据

序号	U_k/V				I_k/A				P_k/W			$\cos\varphi_k$
	U_{AB}	U_{BC}	U_{CA}	U_k	I_A	I_B	I_C	I_k	$P_{Ⅰ}$	$P_{Ⅱ}$	P_k	

4)负载实验

(1)实验接线如图 4-2 所示。同轴连接负载电机。

(2)合上交流电源,调节调压器,使电压逐渐升至额定电压(在做实验时,保持电压恒定)。

(3)合上校正过的直流电动机的励磁电源,调节励磁电流至校正值(50 mA 或 100 mA)并保持不变。

(4)调节负载电阻 R_L,使异步电动机的定子电流逐渐上升,直至电流上升至 1.25 倍额定电流为止。

(5)从此负载实验开始,逐渐减少负载直至空载,并在此范围内读取异步电动机的定子电流、输入功率、转速、直流电动机的负载电流 I_L(可查对应的 T_2 值)等数据。

(6)读取数据 5～6 组,记录于表 4-4 中。

表 4-4 $U_N=220$ V,$I_f=$______ A

序号	I/A				P/W			I_L /A	T_2 /(N·m)	n /(r/min)
	I_A	I_B	I_C	I_1	$P_Ⅰ$	$P_Ⅱ$	P_1			

6. 实验报告

1)计算基准工作温度时的相电阻

由实验直接测得每相电阻值,此值为实际冷态电阻值(冷态温度为室温),并按下式换算到基准工作温度时的定子绕组相电阻:

$$r_{1\text{ref}}=r_{1\text{c}}\frac{235+\theta_{\text{ref}}}{235+\theta_{\text{c}}}$$

式中:$r_{1\text{ref}}$为换算到基准工作温度时定子绕组的相电阻;$r_{1\text{c}}$为定子绕组的实际冷态相电阻(Ω);θ_{ref}为基准工作温度,对于 E 级绝缘为 75℃;θ_{c} 为实际冷态时定子绕组温度(℃)。

2)作空载特性曲线

根据有关参数(I_0、P_0、$\cos\varphi_0=f(U_0)$)作空载特性曲线。

3)作短路特性曲线

根据有关参数(I_k、$P_k=f(U_k)$)作短路特性曲线。

4)由空载、短路实验数据求异步电动机的等效电路参数

(1)由短路实验数据求短路参数。

短路阻抗为

$$Z_k=\frac{U_k}{I_k}$$

短路电阻为

$$r_k=\frac{P_k}{3I_k^2}$$

短路电抗为

$$X_k=\sqrt{Z_k^2-r_k^2}$$

上式中,U_k、I_k、P_k为由短路特性曲线上查得,分别对应于I_k为额定电流时的相电压、相电流、三相短路功率。

转子电阻的折合值为

$$r'_2\approx r_k-r_1$$

定子、转子漏抗为

$$X_{1\sigma}\approx X'_{2\sigma}\approx\frac{X_k}{2}$$

(2)由空载实验数据求激磁回路参数。

空载阻抗为 $$Z_0=\frac{U_0}{I_0}$$

空载电阻为 $$r_0=\frac{P_0}{3I_0^2}$$

空载电抗为 $$X_0=\sqrt{Z_0^2-r_0^2}$$

上式中,U_0、I_0、P_0分别为空载额定电压、相电流、三相空载功率。

激磁电抗为 $$X_m=X_0-X_{1\sigma}$$

激磁电阻为 $$r_m=\frac{P_{Fe}}{3I_0^2}$$

式中,P_{Fe}为额定电压时的铁耗,可由图 4-3 确定。

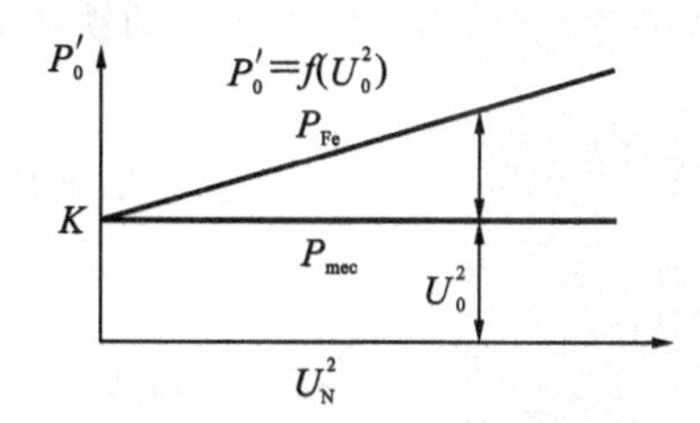

图 4-3 电动机的铁耗和机械损耗

5)作工作特性曲线(P_1、I_1、η、S、$\cos\varphi_1=f(P_2)$)

由负载实验数据计算工作特性,填入表 4-5 中。

表 4-5 $U_1=220$ V(△),$I_f=$______ A

序号	电动机输入		电动机输出		计算值			
	I_1/A	P_1/W	T_2/(N·m)	n/(r/min)	P_2/W	S/(%)	η	$\cos\varphi_1$

计算公式为

$$I_1=\frac{I_A+I_B+I_C}{3\sqrt{3}},\quad S=\frac{1\,500-n}{1\,500}\times 100\%,\quad \cos\varphi_1=\frac{P_1}{3U_1I_1},$$

$$P_2=0.105nT_2,\quad \eta=\frac{P_2}{P_1}\times 100\%$$

上式中:I_1为定子绕组相电流(A);U_1为定子绕组相电压(V);S为转差率;η为效率。

6)由损耗分析法求额定负载时的效率

电动机的损耗有铁耗P_{Fe}、机械损耗P_{mec}、定子铜耗P_{Cu1}($=3I_1{}^2r_1$)、转子铜耗P_{Cu2}($=\frac{P_{em}S}{100}$)、杂散损耗P_{ad}(取为额定负载时输入功率的0.5%),其中,P_{em}为电磁功率(W),$P_{em}=P_1-P_{Cu1}-P_{Fe}$。

铁耗和机械损耗之和为

$$P'_0=P_{Fe}+P_{mec}=P_0-3I_0^2r_1$$

为了分离铁耗和机械损耗,作曲线$P'_0=f(U_0^2)$,如图4-3所示。

延长曲线的直线部分与纵轴相交于K点,K点的纵坐标即为电动机的机械损耗P_{mec},过K点作平行于横轴的直线,可得不同电压下的铁耗P_{Fe}。

电动机的总损耗为

$$\sum P=P_{Fe}+P_{Cu1}+P_{Cu2}+P_{ad}+P_{mec}$$

于是求得额定负载的效率为

$$\eta=\frac{P_1-\sum P}{P_2}\times 100\%$$

上式中,P_1、S、I_1可由工作特性曲线上对应于P_2为额定功率P_N时查得。

7. 思考题

(1)用空载、短路实验数据求取异步电动机的等效电路参数时，有哪些因素会引起误差？

(2)由短路实验数据可以得出哪些结论？

(3)由直接负载法测得的电动机效率和用损耗分析法求得的电动机效率，各有哪些因素会引起误差？

4.2 三相异步电动机的启动与调速

1. 实验目的

通过实验掌握异步电动机的启动和调速的方法。

2. 预习要点

(1)异步电动机的启动方法和启动技术指标。

(2)异步电动机的调速方法。

3. 实验项目

(1)直接启动。

(2)星形-三角形(Y-△)换接启动。

(3)自耦变压器法启动。

(4)线绕式异步电动机转子绕组串入可变电阻器启动。

(5)线绕式异步电动机转子绕组串入可变电阻器调速。

4. 实验设备

实验中所用设备的名称、型号和数量如表 4-6 所示。

表 4-6 实验设备

序　号	型　号	名　称	数　量
1	D33	交流电压表	1 件
2	D32	交流电流表	1 件
3	LTZ-5	管型测力计、圆盘、支承架	1 套
4	DJ16	三相鼠笼异步电动机	1 件
5	DJ17	三相线绕式电动机	1 件
6	D41	三相可调电阻器	1 件

续表

序号	型号	名称	数量
7	D42	三相可调电阻器	1件
8	D51	波形测试及开关板	1件
9	D31	直流电压、电流表	1件
10	DJ23	校正直流测功机	1台
屏上排列顺序	(1)D32、D33、LTZ-5、DJ16、D51；(2)D32、D33、DJ17、DJ23、D31、D42		

5. 实验步骤

1)三相鼠笼异步电动机直接启动实验

(1)按图4-4所示方式接线，电动机绕组为△接法。

(2)把交流调压器退到零位，开启电源总开关，按下"开"按钮，接通三相交流电源。

(3)调节调压器，使输出电压达到电动机额定电压220 V，使电动机启动旋转(如电动机旋转方向不符合要求需调整相序时，必须按下"关"按钮，切断三相交流电源)。

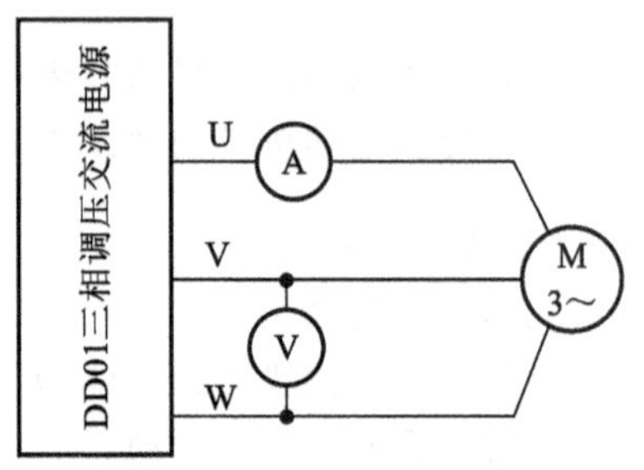

图4-4 异步电动机直接启动

(4)按下"关"按钮，断开三相交流电源；待电动机停止旋转后，按下"开"按钮，接通三相交流电源，使电动机全压启动，观察电动机启动瞬间的电流值(按指针式电流表偏转的最大位置所对应的读数值定性计量)。

(5)断开电源开关，将调压器退到零位，在电动机轴伸端装上圆盘和弹簧秤。

(6)合上开关，调节调压器，使电动机电流为2～3倍额定电流，读取电压值U_k、电流值I_k、转矩值T_k(圆盘半径×弹簧秤拉力)，实验时通电时间不应超过10 s，以免绕组过热。对应于额定电压时的启动电流I_{st}和启动转矩T_{st}按下式计算，即

$$I_{st}=\frac{U_N}{U_k}I_k,\quad T_{st}=\frac{I_{st}^2}{I_k^2}T_k$$

式中：I_k为启动实验时的电流值(A)；T_k为启动实验时的转矩值(N·m)。

2)星形-三角形(Y-△)启动

(1)按图4-5所示方式接线。

(2)将调压器退到零位。

(3)将三相双掷开关合向右边(Y接法)。合上开关后，调节调压器使电动机额定电压逐渐升至220 V，打开电源开关，待电动机停转。

(4)合上电源开关，观察启动瞬间电流，然后将S合向左边，使电动机(△接法)正常

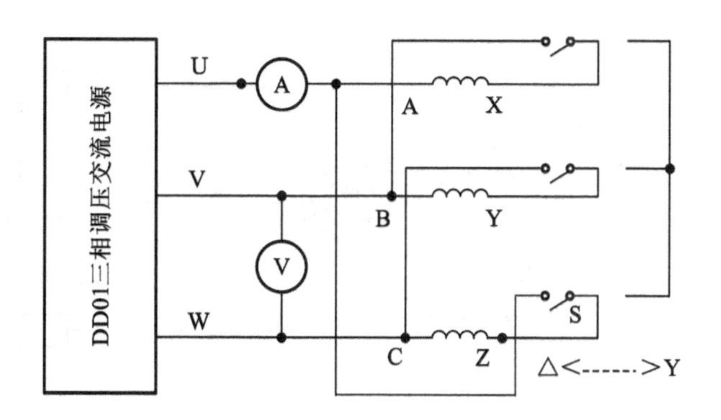

图 4-5 三相鼠笼异步电动机星形-三角形启动

运行，整个启动过程结束。观察启动瞬间电流表的显示值，以与其他启动方法作比较。

3)自耦变压器法启动

(1)按图 4-6 所示方式接线，电动机绕组为△接法。

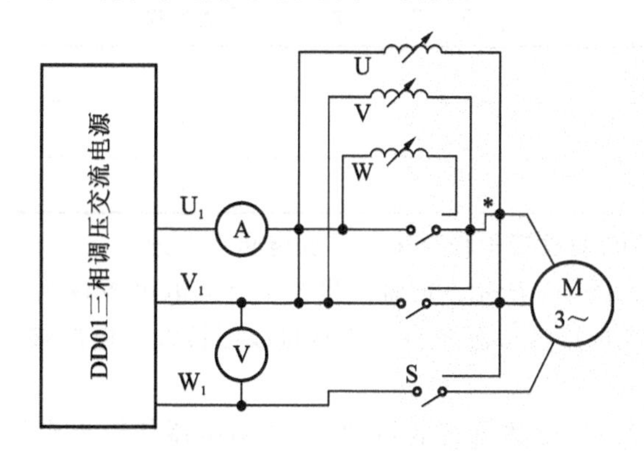

图 4-6 三相鼠笼异步电动机自耦变压器法启动

(2)将三相调压器退到零位，开关 S 合向左边。

(3)合上电源开关，调节调压器，使输出电压达到电动机额定电压 220 V，断开电源开关，待电动机停转。

(4)将开关 S 合向右边，合上电源开关，使电动机由自耦变压器降压启动(自耦变压器抽头输出电压分别为电源电压的 80%、60%和 40%)，经过一定时间后再将 S 合向左边，使电动机按额定电压正常运行，整个启动过程结束。观察启动瞬间电流，以作定性的比较。

4)线绕式异步电动机转子绕组串入可变电阻器启动

(1)按图 4-7 所示线路接线。电动机定子绕组为 Y 形接法。

(2)转子每相串入的电阻可用 D41 上、中、下三组(每组 90 Ω 与 90 Ω 并联)变阻器分别加以调定。

(3)将调压器退到零位，在轴伸端装上圆盘和弹簧秤。

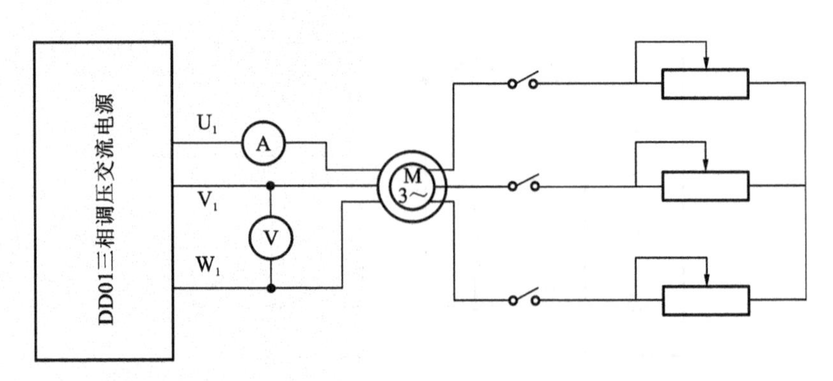

图 4-7 线绕式异步电动机转子绕组串入可变电阻器启动

(4)接通交流电源,调节输出电压(电动机转向应符合要求),在定子电压为 180 V,转子绕组分别串入不同电阻值时,测取定子电流和转矩。

(5)实验通电时间不应超过 10 s,以免绕组过热。实验数据记录于表 4-7 中。

表 4-7 电动机启动实验数据

R_{at}/Ω	0	2	5	15
I_{at}/A				
T_{at}/(N·m)				

5)线绕式异步电动机转子绕组串入可变电阻器调速

(1)实验线路如图 4-7 所示。同轴连接校正直流电机 MG 为线绕式异步电动机 M 的负载,MG 的实验电路参考图 2-5(a)所示接线图接线。电路接好后,将 M 转子的附加电阻调至最大。

(2)合上电源开关,电动机空载启动,保持调压器的输出电压为电动机额定电压 220 V,将转子附加电阻调至零。

(3)调节校正电机的励磁电流 I_f 为校正值(100 mA 或 50 mA),再调节直流发电机负载电流,使电动机输出功率接近额定功率并保持此输出转矩 T_2 不变,改变转子附加电阻(每个附加电阻分别为 0 Ω、2 Ω、5 Ω、15 Ω),测出相应的转速,并记录于表 4-8 中。

表 4-8 电动机调速实验数据

R_{at}/Ω	0	2	5	15
n/(r/min)				

6. 实验报告

(1)比较异步电动机不同启动方法的优缺点。

(2)由启动实验数据,求下述三种情况下的启动电流和启动转矩:

①外施额定电压 U_N(直接法启动);

②外施电压为 $U_N/\sqrt{3}$(Y-△启动);

③外施电压为U_k/K_A(K_A为启动用自耦变压器的变比，自耦变压器启动)。

(3)线绕式异步电动机转子绕组串入电阻对启动电流和启动转矩的影响。

(4)线绕式异步电动机转子绕组串入电阻对电动机转速的影响。

7. 思考题

(1)启动电流和外施电压成正比、启动转矩和外施电压的平方成正比在什么情况下才能成立?

(2)启动时的实际情况和上述条件是否相符?不相符的主要因素是什么?

4.3　单相异步电动机的启动

1. 实验目的

测定单相异步电动机中电容分相式异步电动机的技术指标和参数。

2. 预习要点

(1)电容分相式异步电动机有哪些技术指标和参数?

(2)这些技术指标怎样测定?参数怎样测定?

3. 实验项目

(1)测量定子主、副绕组的实际冷态电阻。

(2)空载实验、短路实验、负载实验。

4. 实验设备

实验中所用设备的名称、型号和数量如表4-9所示。

表4-9　实验设备

序　号	型　号	名　称	数　量
1	D33	交流电压表	1件
2	D32	交流电流表	1件
3	LTZ-5	管型测力计、圆盘、支承架	1套
4	DJ19	单相异步电动机(电容分相式)	1件
5	DJ17	三相线绕式电动机	1件
6	DJ23	校正直流测功机	1台
7	D42	三相可调电阻器	1件
8	D51	波形测试及开关板	1件
9	D31	直流电压、电流表	1件
屏上排列顺序	D32、D33、LTZ-5、DJ19、D51、DJ23、D31、D42		

5. 实验方法

被测试电动机为电容分相式异步电动机，选用 DJ19。

1)分别测量定子主、副绕组的实际冷态电阻

测量方法见 4.1 节，记录当时室温。

2)空载实验、短路实验、负载实验

按图 4-8 所示线路接线，启动电容 C 为 35 μF。

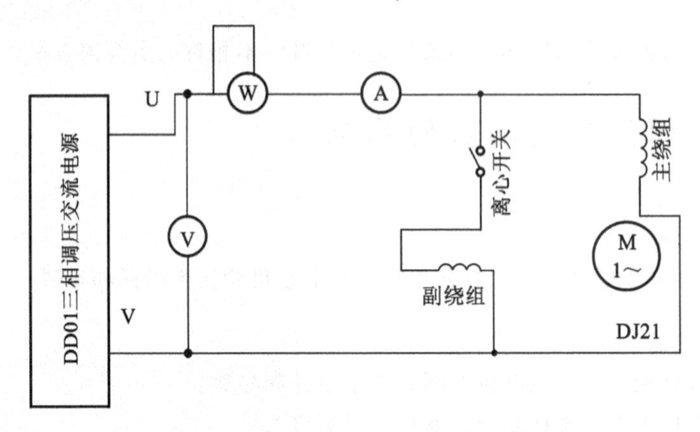

图 4-8 电容分相式异步电动机接线图

(1)调节调压器让电动机降压空载启动，并在额定电压下空载运转，使机械损耗稳定。

(2)从 1.1 倍额定电压开始，逐步降低电压，直至可能达到的最低电压值，即功率和电流出现回升时为止，其间测取电压 U_0、电流 I_0、功率 P_0，共测取数据 7～8 组，记录于表 4-10 中。

表 4-10 空载实验测量数据

序号									
U_0/V									
I_0/A									
P_0/W									

由空载实验数据计算电动机参数的方法见实验 4.1。

(3)短路实验时，在电动机轴伸端装上圆盘和弹簧秤，然后合上交流电源，升压至 $(0.95\sim1.02)U_N$，再逐次降压至短路电流接近额定电流为止。

(4)共测取 U_k、I_k、T_k 等数据 6～8 组，记录于表 4-11 中。

表 4-11 短路实验测量数据

序号									
U_k/V									
I_k/V									
T_k/(N·m)									

注意：测取每组读数时，通电持续时间不应超过 5 s，以免绕组过热。

（5）转子绕组等值电阻的测定及由短路实验数据计算电动机参数的方法参见实验 4.1。

（6）在负载实验时，电动机 M 和校正直流电机 MG 同轴连接（MG 的接线参照实验 2.2 的图 2-4(a)），接通交流电源，升高电压至 U_N 并保持不变。

（7）保持 MG 的励磁电流 I_f 为规定值，再调节 MG 的负载电流 I_L，使电动机在 1.1～0.25倍额定功率范围内，测取定子电流 I、输入功率 P_1、转矩 T_2、转速 n，共取 6～8 组数据，记录于表 4-12 中。

表 4-12 $U_N=220$ V，$I_f=$______ A

序号										
I/A										
P_1/W										
I_L/A										
n /(r/min)										
T_2 /(N·m)										

6. 实验报告

（1）由实验数据计算出电动机参数。

（2）由负载实验计算出电动机工作特性（P_1、I_1、η、$\cos\varphi$、$S=f(p_2)$）。

（3）计算出电动机的启动技术数据。

（4）确定电容参数。

7. 思考题

（1）由电动机参数计算出的电动机工作特性和实测数据是否有差异？是由哪些因素造成的？

（2）电容参数该怎样确定？电容怎样选配？

5 同步电机实验

5.1 三相同步发电机的运行特性

1. 实验目的

(1)测量同步发电机在对称负载下的运行特性。

(2)由实验数据计算同步发电机在对称运行时的稳态参数。

2. 预习要点

(1)同步发电机在对称负载下有哪些基本特性?

(2)这些基本特性是在什么情况下测得的?

(3)怎样用实验数据计算对称运行时的稳态参数?

3. 实验项目

(1)测定电枢绕组实际冷态直流电阻。

(2)空载实验。在 $n=n_N$、$I=0$ 的条件下,测取空载特性曲线 $U_0=f(I_f)$。

(3)三相短路实验。在 $n=n_N$、$U=0$ 的条件下,测取三相短路特性曲线 $I_k=f(I_f)$。

(4)纯电感负载特性。在 $n=n_N$、$I=I_N$、$\cos\varphi\approx 0$ 的条件下,测取纯电感负载特性曲线。

(5)外特性。在 $n=n_N$、$I_f=$常数、$\cos\varphi=1$ 和 $\cos\varphi=0.8$(滞后)的条件下,测取外特性曲线。

(6)调节特性。在 $n=n_N$、$U=U_N$、$\cos\varphi=1$ 的条件下,测取调节特性曲线 $I_f=f(I)$。

4. 实验设备

实验中所用设备的型号、名称和数量如表 5-1 所示。

表 5-1 实验设备

序号	型号	名称	数量	
1	D33	交流电压表	1件	
2	D32	交流电流表	1件	
3	D34-3	功率因数表	1件	
4	DJ18	三相同步发电机	1件	
5	DJ23	校正直流测功机	1台	
6	D31	直流电压、电流表	1件	
7	D52	旋转灯、同步电机励磁电源	1件	
8	D41	三相可调电阻器	1件	
9	D42	三相可调电阻器	1件	
10	D44	三相可调电阻器	1件	
11	D51	波形测试及开关板	1件	

5. 实验方法

1)测定电枢绕组实际冷态直流电阻

被测试发电机为三相凸极式同步发电机，选用 DJ18。

测量与计算方法参见实验 4.1。

2)空载实验

(1)按图 5-1 所示接线图接线，校正过的直流电机 MG 按他励方式连接，用作电动机拖动三相同步发电机 GS 旋转，GS 的定子绕组为 Y 形接法(U_N=220 V)。

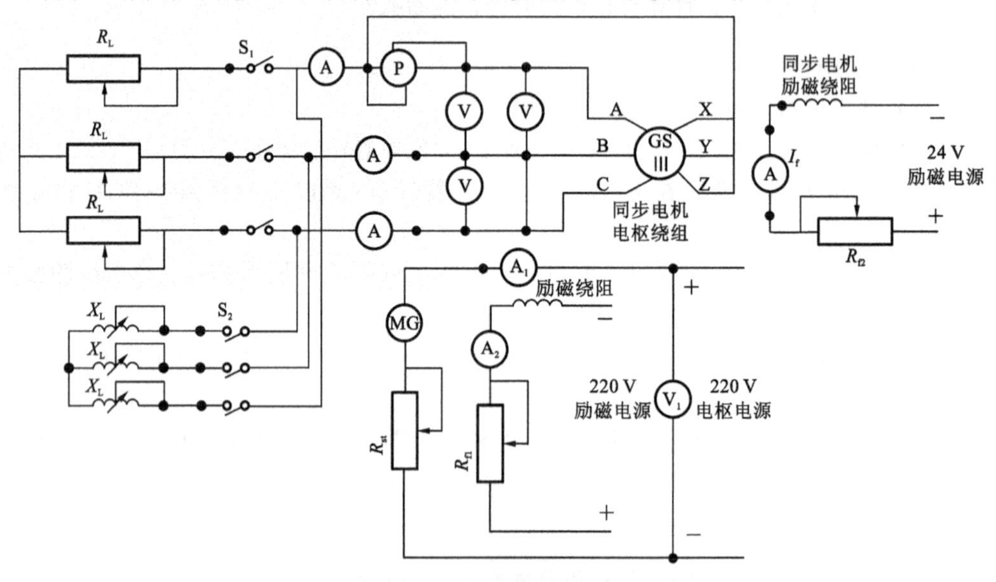

图 5-1 三相同步发电机实验接线图

(2)调节D52组件上的24 V励磁电源串接的电阻R_{f2}至最大位置(用D41变阻器上的90 Ω与90 Ω并联电阻值),调节MG的电枢串联电阻R_{st}至最大值(用D44变阻器上的180 Ω电阻值),调节MG的励磁调节电阻R_{f1}至最小值(用D44变阻器上的1 800 Ω电阻值),断开开关S_1、S_2。将控制屏左侧调压器旋钮逆时针方向旋转到零位,控制屏上的电源总开关、电枢电源开关及励磁电源开关都须在“关”的位置,做好实验开机准备。

(3)接通控制屏上的电源总开关,按下“开”按钮,接通励磁电源开关,当电流表A_2有励磁电流指示后,再接通控制屏上的电枢电源开关,启动MG。MG启动运行正常后,把R_{st}调至最小,调节R_{f1}使MG转速达到同步发电机的额定转速1 500 r/min,并保持恒定。

(4)接通GS励磁电源,调节GS励磁电源电流(必须单方向调节),使I_f单调递增,直到GS输出电压$U_0 \approx 1.3U_N$为止。

(5)单方向减小GS励磁电源电流,直至使I_f单调减至零值,读取励磁电流I_f和相应的控制电压U_0。

(6)测取数据7～9组并记录于表5-2中。

表5-2 $I=0, n=n_N=1\ 500$ r/min

序号									
U_0/V									
I_f/A									

在用实验方法测定同步发电机的空载特性时,由于转子磁路中剩磁情况的不同,单方向改变励磁电流I_f,使其从零值到某一最大值,再反过来由此最大值减小到零值,可得到上升和下降的两条不同曲线,如图5-2所示。两条曲线的出现,反映了铁磁材料中的磁滞现象。测定发电机参数时使用下降曲线,其最高点取$U_0 \approx 1.3U_N$;如剩磁电压较高,可延伸曲线的直线部分使其与横轴相交,交点的横坐标绝对值ΔI_{f0}应作为校正量,在所有实验中测得的励磁电流数据上再加上此值,即得通过原点的校正曲线,如图5-3所示。

注意事项:①转速要保持恒定;②在额定电压附近读数相应多些。

3)三相短路实验

(1)调节GS的励磁电源串接的R_{f2}至最大值,将开关S_1、S_2断开。

(2)将电动机MG的R_{f1}调至最小,R_{st}调至最大,先合上控制屏上的励磁电源开关,后合上电枢电源开关,启动MG,并调节其转速至额定转速1 500 r/min,且保持恒定。

(3)接通GS的24 V励磁电源,调节R_{f2}使GS输出的三相线电压(即三只电压表的读数)最小,然后合上开关S_1于短路位置(三端点短接或将R_L调至0 Ω),开关S_2仍断开。

(4)调节GS的励磁电流I_f,使其定子电流达1.2倍额定电流,读取GS的励磁电流值I_f和相应的定子电流值I_k。

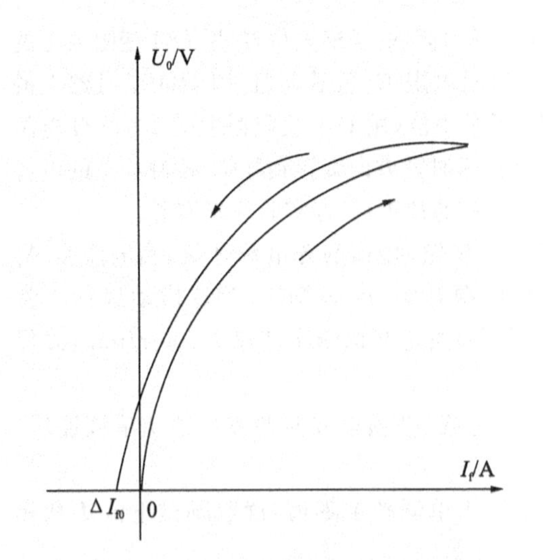

图 5-2 上升和下降两条控制特性曲线

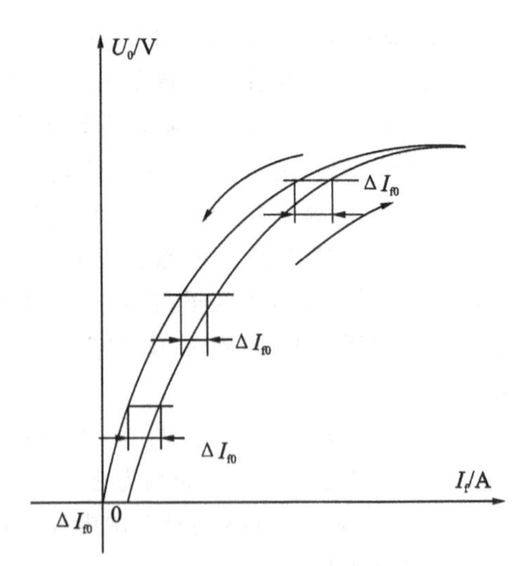

图 5-3 校正过的下降空载特性曲线

(5)减小 GS 的励磁电流，使励磁电流和定子电流减小，直至励磁电流为零，读取励磁电流 I_f和相应的定子电流 I_k。

(6)测取数据 4～5 组并记录于表 5-3 中。

表 5-3 $U=0$ V，$n=n_N=1\ 500$ r/min

序号					
I_k/A					
I_f/A					

4)纯电感负载特性

(1)调节 GS 的 R_{f2}至最大值，打开开关 S_1、S_2，调节可变电抗器使其阻抗达最大。

(2)按他励直流电动机的启动步骤(电枢必须串联全值启动电阻 R_{st}，先接通励磁电源，后接通总电源)启动直流电机 MG，调节 MG 的转速至额定值 1 500 r/min 且保持恒定。

(3)把开关 S_2闭合到可变电抗器负载端，调节 R_{f2}和可变电抗器，使同步发电机的端电压接近于 1.1 倍额定电压，且电流为额定电流，读取端电压值和励磁电流值。

(4)调节励磁电流，使发电机端电压减小，同时调节可变电抗器使定子电流值保持恒定为额定电流，直至端电压减小为零，读取端电压值和相应的励磁电流值。

(5)测取数据 7～9 组并记录于表 5-4 中。

表 5-4 $n=n_N=1\ 500$ r/min，$I=I_N=$______ A

序号									
U/V									
I_f/A									

5)测同步发电机在纯电阻负载时的外特性

(1)把三相可变电阻器 R_L 接成三相 Y 接法。每相用 D42 变阻器上的 900 Ω 与 900 Ω 电阻值串联,调节其阻值为最大值。

(2)把开关 S_2 打开,S_1 闭合在负载电阻端(如有短接线应拆掉)。

(3)按他励直流电动机的启动步骤启动 MG,调节电动机转速达同步发电机额定转速 1 500 r/min,而且保持转速恒定。

(4)接通 24 V 励磁电源,调节 R_{f2} 和负载电阻 R_L,使同步发电机的端电压达额定值 220 V,且负载电流亦达额定值。

(5)保持此时的同步发电机励磁电流 I_f 恒定不变,调节负载电阻 R_L,测出同步发电机端电压和相应的平衡负载电流,直至负载电流减小到零,测出整条外特性。

(6)测取数据 5～6 组并记录于表 5-5 中。

表 5-5　$n=n_N=1\ 500$ r/min,$I_f=$______ A,$\cos\varphi=1$

序号						
U/V						
I/A						

6)测同步发电机在负载功率因数为 0.8 时的外特性

(1)在图 5-1 中接入功率因数表,调节可变负载电阻,使阻值达最大。调节可变电抗器,使电抗值达最大,闭合开关 S_1、S_2,并将 R_L 和 X_L 并联使用作为负载。

(2)调节 R_{f2} 至最大值,启动直流电动机并调节电动机转速至同步发电机额定转速 1 500 r/min,且保持转速恒定。

(3)接通 24 V 励磁电源,调节 R_{f2}、负载电阻 R_L 及可变电抗器 X_L,使同步发电机的端电压达额定值 220 V、负载电流达额定值及功率因数为 0.8。

(4)保持此时的同步发电机励磁电流 I_f 恒定不变,调节负载电阻 R_L 和可变电抗器 X_L,使负载电流改变而功率因数保持为 0.8 不变,测出同步发电机端电压和相应的平衡负载电流,测出整条外特性。

(5)测取数据 6～8 组并记录于表 5-6 中。

表 5-6　$n=n_N=1\ 500$ r/min,$I_f=$______ A,$\cos\varphi=0.8$

序号						
U/V						
I/A						

7)测同步发电机在纯电阻负载时的调整特性

(1)将开关 S_1 闭合在电阻负载 R_L 端,调节 R_L 使阻值达最大,发电机转速此时仍为额定转速 1 500 r/min 且保持恒定。

(2)调节 R_{f2} 使发电机端电压达额定值 220 V 且保持恒定。

(3)调节 R_L 阻值，亦改变负载电流，读取保持电压恒定时的相应励磁电流 I_f，测出整条调整特性。

(4)测取数据 6～8 组并记录于表 5-7 中。

表 5-7 $U=U_N=220$ V，$n=n_N=1\ 500$ r/min

序号						
I/A						
I_f/A						

6. 实验报告

(1)根据实验数据绘出同步发电机的空载特性。

(2)根据实验数据绘出同步发电机的短路特性。

(3)根据实验数据绘出同步发电机的纯电感负载特性。

(4)根据实验数据绘出同步发电机的外特性。

(5)根据实验数据绘出同步发电机的调整特性。

(6)由空载特性和短路特性求取发电机的定子漏抗 X_σ 和特性三角形。

(7)由零功率因数特性和空载特性确定发电机的定子保梯电抗。

(8)利用空载特性和短路特性确定同步发电机的直轴同步电抗 X_d(不饱和值)。

(9)利用空载特性和纯电感负载特性确定同步发电机的直轴同步电抗 X_d(饱和值)。

(10)求短路比。

(11)由外特性实验数据求取电压调整率 ΔU(%)。

7. 思考题

(1)定子漏抗 X_σ 和保梯电抗 X_p 各代表什么参数？它们的差别是怎样的？

(2)由空载特性和特性三角形用作图法求得的零功率因数的负载特性与实测的特性是否有差别？造成差别的因素是什么？

5.2 三相同步电动机的运行特性

1. 实验目的

(1)掌握三相同步电动机的异步启动方法。

(2)测取三相同步电动机的 V 形曲线。

(3)测取三相同步电动机的工作特性。

2. 预习要点

(1)三相同步电动机异步启动的原理及操作步骤。

(2)三相同步电动机的V形曲线是怎样的？怎样作为无功发电机(调相机)？

(3)三相同步电动机的工作特性怎样？怎样测取？

3. 实验项目

(1)三相同步电动机的异步启动。

(2)测取三相同步电动机输出功率 $P_2 \approx 0$ 时的V形曲线。

(3)测取三相同步电动机输出功率 P_2 为0.5倍额定功率时的V形曲线。

(4)测取三相同步电动机的工作特性。

4. 实验设备

实验中所用设备的型号、名称和数量如表5-8所示。

表5-8 实验设备

序号	型号	名称	数量
1	D33	交流电压表	1件
2	D32	交流电流表	1件
3	D34-3	功率因数表	1件
4	DJ18	三相同步电动机	1件
5	DJ23	校正直流测功机	1台
6	D31	直流电压、电流表	1件
7	D52	旋转灯、同步电机励磁电源	1件
8	D41	三相可调电阻器	1件
9	D42	三相可调电阻器	1件
10	D44	三相可调电阻器	1件
11	D51	波形测试及开关板	1件

5. 实验方法

1)三相同步电动机的异步启动

(1)按图5-4所示接线图接线。其中 R 的阻值为同步电动机MS励磁绕组电阻值的10倍(约为9 Ω)，R_f 用D41，MS为DJ18(Y接法，额定电压 $U_N=220$ V)。

(2)将功率表的电流线圈及交流电流表短接，开关S闭合于励磁电源一侧(图5-4中为上端)。

(3)将控制屏左侧调压器旋钮逆时针方向旋转至零位，接通电源总开关，并按下"开"按钮，调节D52同步电动机励磁电源调压旋钮及 R_f 阻值，使同步电动机的励磁电

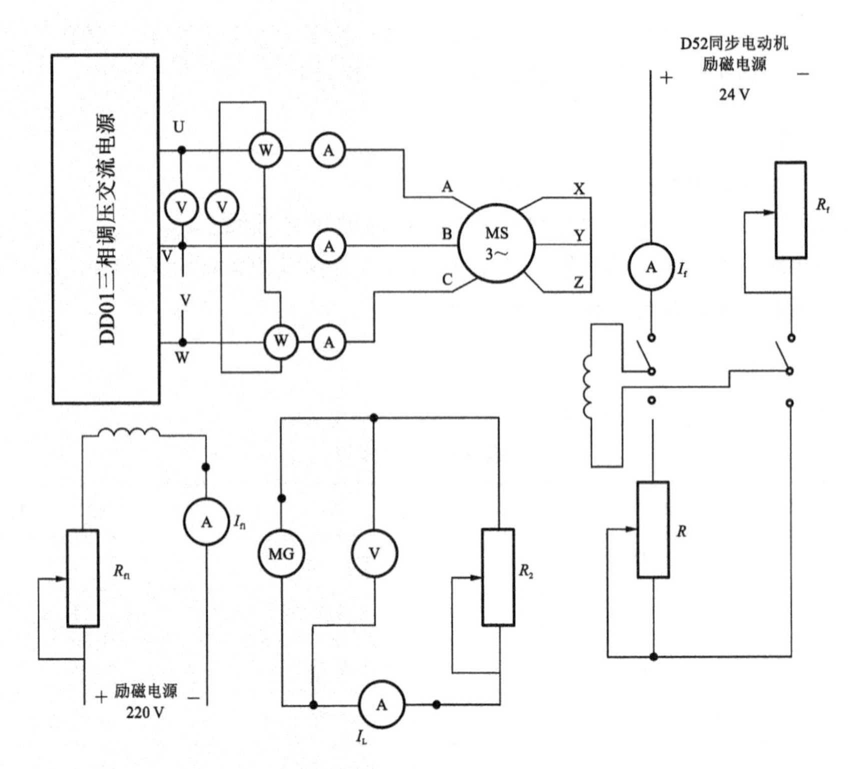

图 5-4 三相同步电动机实验接线图

流 I_f约为 0.7 A。

(4)将开关 S 闭合于 R 电阻一侧(图 5-4 中为下端),顺时针方向调节调压器旋钮,使电压升高至同步电动机的额定电压 220 V,观察电动机旋转方向;若不符合,则应调整相序,使电动机旋转方向符合要求。

(5)当转速接近同步转速时,将开关 S 迅速从下端切换到上端,使同步电动机励磁绕组加直流励磁而被强制拉入同步运行。至此,异步启动同步电动机的整个启动过程完毕。

(6)将功率表、交流电流表的短接线拆掉,使仪表正常工作。

2)测取三相同步电动机输入功率 $P_2\approx0$ 时的 V 形曲线

(1)使同步电动机空载(轴端不连接直流发电机),启动同步电动机。

(2)调节同步电动机的励磁电流 I_f,并使 I_f增加,这时同步电动机的电枢三相电流 I_A、I_B、I_C亦随之增加,直至达额定值,记录电枢三相电流和相应的励磁电流、输入功率。

(3)调节同步电动机 MS 的励磁电流 I_f,使 I_f 逐渐减小,这时电枢三相电流亦随之减小,直至最小值,记录此时 MS 的电枢三相电流、励磁电流及输入功率。

(4)继续减小同步电动机的励磁电流,这时同步电动机的电枢三相电流反而增大到额定电流值。

(5)在过励和欠励范围内读取数据 9~11 组,并记录于表 5-9 中。

表 5-9 $n=$______ r/min，$U=$______ V，$P_2=0$

序号	三相电流 I/A				励磁电流 I_f/A	输入功率 P/W		
	I_A	I_B	I_C	I	I_f	$P_Ⅰ$	$P_Ⅱ$	P

表中 $I=(I_A+I_B+I_C)/3$，$P=P_Ⅰ+P_Ⅱ$。

3)测取三相同步电动机输出功率 P_2 约为 0.5 倍额定功率时的 V 形曲线

(1)同轴连接校正直流发电机，MG(按他励发电机接线)作 MS 的负载。

(2)启动同步电动机，保持直流发电机的励磁电流为校正值(50 mA 或 100 mA)，改变直流发电机负载 R_2 的大小，使同步电动机输出功率改变，直至同步电动机输出功率接近于 0.5 倍额定功率为止，并保持该功率不变。

输出功率按下式计算： $P_2=0.105nT_2$

式中：n 为电机转速(r/min)；T_2 为由直流电机负载电流 I_L 查出的对应转矩(N·m)。

(3)调节同步电动机的励磁电流 I_f，使 I_f 增加，这时同步电动机的电枢三相电流亦随之增加，直至电枢电流达到同步电动机的额定电流，记录电枢三相电流和相应的励磁电流、输入功率。

(4)调节同步电动机的励磁电流 I_f，使 I_f 减小，这时的电枢三相电流亦随之减小，直至减小到最小值，记录此时的三相电流、励磁电流、输入功率。

(5)继续调小同步电动机的励磁电流，这时同步电动机的电枢电流反而增大，直至电枢电流达额定值。

(6)在过励和欠励范围内读取数据 9～11 组，并记录于表 5-10 中。

表 5-10　$n=$______ r/min,$U=$______ V,$P_2 \approx 0.5P_N$

序号	三相电流 I/A				励磁电流 I_f/A	输入功率 P/W		
	I_A	I_B	I_C	I	I_f	P_{I}	P_{II}	P

表中,$I=(I_A+I_B+I_C)/3$,$P=P_{\mathrm{I}}+P_{\mathrm{II}}$。

4)测取三相同步电动机的工作特性

(1)启动同步电动机。

(2)调节直流发电机的励磁电流为校正值,并保持不变。

(3)调节直流发电机的负载电流 I_L,同时调节同步电动机的励磁电流,使同步电动机输出功率达额定值及功率因数为 1。

(4)保持此时同步电动机的励磁电流恒定,逐渐减小直流发电机的负载电流,使同步电动机输出功率逐渐减小至零为止,读取定子电流、输入功率、输出转矩及转速。

(5)测取数据 6～7 组并记录于表 5-11 中。

6. 实验报告

(1)作 $P_2 \approx 0$ 时同步电动机的 V 形曲线 $I=f(I_f)$,并说明定子电流的性质。

(2)作 P_2 约为 0.5 倍额定功率时同步电动机的 V 形曲线 $I=f(I)$,并说明定子电流的性质。

(3)作同步电动机的工作特性曲线:I、P、$\cos\varphi$、T_2、$\eta=f(p_2)$。

表 5-11 $U=U_N=$______V，$I_f=$______A，$n=$______r/min

序号	同步电动机输入参数											
	I_A /A	I_B /A	I_C /A	I /A	P_I /W	P_{II} /W	P /W	$\cos\varphi$	I_L /A	P_2 /W	η /(%)	T_2 /(N·m)

表中，$I=(I_A+I_B+I_C)/3$，$P=P_I+P_{II}$，$P_2=0.105nT_2$，$\eta=\frac{P_2}{P_1}\times100\%$。

7.思考题

(1)同步电动机异步启动时，先将同步电动机的励磁绕组经一可调电阻 R 组成回路，可调电阻的阻值调节为同步电动机的励磁绕组电阻值的 10 倍，该电阻在启动过程中的作用是什么？若该电阻阻值为零时，又将怎样？

(2)在保持恒功率输出测取 V 形曲线时，输入功率将有什么变化？为什么？

(3)对本实验的同步电动机的工作特性作一评价。

6 电机机械特性的测定

6.1 他励直流电动机的机械特性

1. 实验目的

了解和测定他励直流电动机在各种运转状态下的机械特性。

2. 预习要点

(1)改变直流电动机的机械特性有哪些方法?

(2)直流电动机在什么情况下从电动机运行状态进入回馈制动状态?

(3)直流电动机回馈制动时的能量传递关系、电动势平衡方程式及机械特性。

(4)直流电动机反接制动时的能量传递关系、电动势平衡方程式及机械特性。

3. 实验项目

(1)电动及回馈制动状态下的机械特性。

(2)电动及反接制动状态下的机械特性。

(3)能耗制动状态下的机械特性。

4. 实验设备

实验中所用设备的型号、名称和数量如表 6-1 所示。

表 6-1 实验设备

序号	型号	名称	数量
1	DDSZ-1	电机及电气实验装置	1 台
2	DJ23	校正直流测功机	1 台
3	DJ15	并励直流电动机	1 台
4	DD03	导轨、测速发电机及转速表	1 台

续表

序 号	型 号	名 称	数 量
5	D41	三相可调电阻器	1 件
6	D42	三相可调电阻器	1 件
7	D44	三相可调电阻器	1 件
8	D31	直流电压、电流表	2 件
9	D51	波形测试及开关板	1 件
屏上排列顺序	D15、DJ23、D42、D31、D41、D31、D44、D51		

5. 实验步骤

按图 6-1 所示接线图接线，图中 M 用型号为 DJ15 的并励直流电动机（连接成他励方式），MG 用型号为 DJ23 的校正直流电机，直流电压表 V_1、V_2 的量程为 1 000 V，直流电流表 A_1、A_3 的量程为 200 mA，A_2、A_4 的量程为 5 A。R_1、R_2、R_3 及 R_4 依不同的实验而选取不同的阻值。

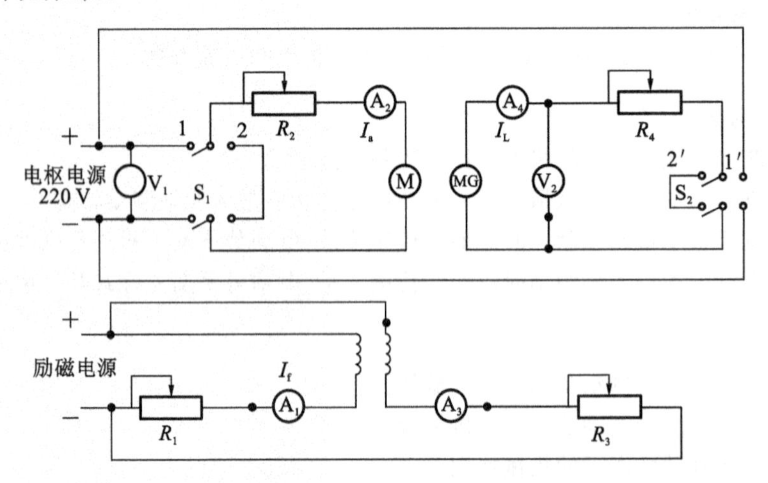

图 6-1 他励直流电动机的机械特性接线图

按图 6-1 所示接线图接线，图中 M 用型号为 DJ15 的并励直流电动机（连接成他励方式），MG 用型号为 DJ23 的校正直流发电机，直流电压表 V_1、V_2 的量程为 1 000 V，直流电流表 A_1、A_3 的量程为 200 mA，A_2、A_4 的量程为 5 A。R_1、R_2、R_3 及 R_4 依不同的实验而选取不同的阻值。

1）$R_2=0$ 时电动及回馈制动状态下的机械特性

（1）R_1、R_2 分别选用 D44 变阻器的 900 Ω 及 180 Ω（两只 90 Ω 电阻串联）阻值，R_3、R_4 分别选用 D42 变阻器的 1 800 Ω 及 2 250 Ω（两只 900 Ω 电阻串联后再与两只并联的 900 Ω 电阻串联）阻值。

（2）将转速表置为正向 3 600 r/min 量程，R_2、R_3 及 R_4 阻值置最大位置，R_1 阻值置最小位置。开关 S_1、S_2 选用 D51 挂箱上的对应开关，并将 S_1 合向电源端 1，S_2 合向短接端 2′（见图 6-1）。

（3）开机时需检查控制屏下方左、右两侧的励磁电源开关及电枢电源开关、电枢开关，它们都必须在断开的位置，然后按次序先开启控制屏上的电源总开关，再按下“开”按钮，随后接通励磁电源开关，最后检查 R_2 阻值应为最大位置，再接通电枢电源开关，使他励直流电动机 M 启动运转。调节电枢电源电压为 220 V；调节 R_2 阻值至零位置，调节 R_3 阻值，使电流表 A_3 为 100 mA。

（4）调节电动机 M 的磁场调节电阻 R_1 阻值，调节电机 MG 的负载电阻 R_4 阻值，使电动机 M 的 $n=n_N=1\ 600$ r/min，$I_f+I_a=I_N=1.06$ A，此时 $I_f=I_{fN}$。保持电枢电源的电压表 V_1 为 220 V，励磁电流表 A_1 为 I_{fN}，A_3 为 100 mA。增大 R_4 阻值，直至空载（拆掉开关 S_2 短接端 2′上的短接线），测取电动机 M 在负载至空载范围的 n、I_a，测取 6～7 组数据记录于表 6-2 中。

表 6-2 $U_N=220$ V，$I_{fN}=$______ A

I_a/A								
n/(r/min)								

（5）关断控制屏上的电枢电源开关，再关断励磁电源开关，使电动机停机。R_4 改用 D41 变阻器的 2 只 90 Ω 电阻并联后和 2 只 90 Ω 电阻串联，共 225 Ω 阻值，R_3 改用 D42 变阻器的 4 只 900 Ω 电阻串联，共 3 600 Ω 阻值。

（6）将 R_1 阻值调至最小位置，R_2 阻值调至最大位置，先接通励磁电源，再接通电枢电源，启动直流电动机 M。随后将 R_2 及 R_4 调至零值位置，再调节（减少）R_3 阻值，使 MG 的空载电压与电枢电源的电压值接近（在开关 S_2 两端测量），并且极性相同，将开关 S_2 合向 1′端。

（7）保持电枢电源电压 $U=U_N=220$ V，$I_f=I_{fN}$，调节 R_3 阻值，使阻值增加，电动机转速升高，当电动机转速达到理想空载转速时，此时 A_2 表的电流值为 0；继续增加 R_3 阻值，使电动机进入第二象限回馈制动状态运行，直至转速达 2 000 r/min 为止，测取 n、I_a，测取 6～7 组数据记录于表 6-3 中。

表 6-3 $U_N=220$ V，$I_{fN}=$______ A

I_a/A								
n/(r/min)								

（8）停机（先断开电枢电源开关，再断开励磁电源开关，并将 S_2 合到 2′端）。

2）$R_2=400$ Ω 时的电动及反接制动状态下的机械特性

（1）在确保断电条件下，改接图 6-1 所示接线图，R_1 用 D44 变阻器的 1 800 Ω 阻值，R_2 用 D42 变阻器的两组 800 Ω 电阻并联，共 400 Ω 阻值（每组 800 Ω 阻值要相等，可用万用表电阻挡调定），R_3 用 D44 变阻器的 180 Ω 阻值，R_4 用 D41 变阻器的 6 只 90 Ω 电阻串联，共 540 Ω 阻值。

(2)将转速表置为正向 1 800 r/min 量程，S_1合向 1 端，S_2合向 2′端(短接线仍拆掉)，将电机 MG 电枢的两个插头对调，R_1、R_3置最小值，R_2置 400 Ω 阻值，R_4置最大值。

(3)先接通励磁电源，再接通电枢电源，使电动机 M 启动运转，在 S_2两端测量电机 MG 的空载电压是否与电枢电源的电压极性相反；若极性相反，检查 R_4阻值，若在最大位置，可将 S_2合向 1′端。

(4)保持电动机的电枢电源电压 $U=U_N=220$ V，$I=I_N$不变，逐渐减小 R_4阻值，使电动机减速直至停止。将转速表的正、反开关设置在反向位置，继续减小 R_4阻值，使电动机进入“反向”旋转，转速在反方向上逐渐上升，此时电动机工作于反接制动状态，直至电动机 M 的 $I_a=I_{aN}$，测取电动机在第一、四象限的 n、I_a，共取 7～9 组数据记录于表 6-4 中。

(5)停机(注意，应先断开电枢电源，而后断开励磁电源，并随手将 S_2合向 2′端)。

表 6-4 $U_N=220$ V，$I_{fN}=$______ A，$R_2=400$ Ω

I_a/A								
n/(r/min)								

3)能耗制动状态下的机械特性

(1)改接图 6-1 所示接线图，R_1用 D44 变阻器的 1 800 Ω 阻值，R_2用 D44 变阻器的 180 Ω 阻值，R_3用 D42 变阻器的 1 800 Ω 与 1 800 Ω 电阻并联，共 900 Ω 阻值，R_4用 D41 变阻器的 6 只 90 Ω 电阻串联，共 540 Ω 阻值。

(2)将 S_1合向短接端 2，R_1置最大位置，R_3置最小位置，R_4置阻值约为 270 Ω 的位置，S_2合向 1′端。

(3)先接通励磁电源，再接通电枢电源，使电机 MG 启动运转，调节电枢电源电压为 220 V，调节 R_1阻值使电动机 M 的 $I_f=I_{fN}$，调节 R_3使电机 MG 的 $I_L=100$ A，调节 R_4，先减少 R_4阻值，使电动机 M 的能耗制动电流为 I_{aN}，然后逐次增加 R_4阻值，其间测取 M 的 I_a、n，共取 5～7 组数据记录于表 6-5 中。

表 6-5 $R_2=180$ Ω，$I_{fN}=$______ A

I_a/A								
n/(r/min)								

(4)调节 R_2为 90 Ω 阻值，重复上述实验操作步骤(2)、(3)，测取 M 的 I_a、n，共取 5～7组数据记录于表 6-6 中。

表 6-6 $R_2=180$ Ω，$I_{fN}=$______ A

I_a/A								
n/(r/min)								

当忽略不变损耗时，可近似认为电动机轴上的输出转矩 $T=C_M\Phi I_a$，则他励电动机在磁通不变的情况下，其机械特性可由曲线 $n=f(I_a)$来描述。

6. 实验报告

根据实验数据，绘制他励直流电动机运行在第一、第二、第四象限的电动和制动状态及能耗制动状态下的机械特性 $n=f(I_a)$（用同一坐标纸绘出）。

7. 思考题

（1）回馈制动实验中，如何判别电动机是否运行在理想空载点？

（2）直流电动机从第一象限运行到第二象限时转子旋转方向不变，试问：电磁转矩方向是否也不变？为什么？

（3）直流电动机从第一象限到第四象限，其转向反了，而电磁转矩方向不变，为什么？作为负载的 MG，从第一象限到第四象限，其电磁转矩方向是否改变？为什么？

6.2 三相异步电动机的机械特性

1. 实验目的

了解三相线绕式异步电动机在各种运行状态下的机械特性。

2. 预习要点

（1）利用现有设备测定三相线绕式异步电动机的机械特性。

（2）测定各种运行状态下的机械特性时应注意哪些问题。

（3）根据所测出的数据，计算被测试电动机在各种运行状态下的机械特性。

3. 实验项目

（1）测定三相线绕式转子异步电动机在 $R_S=0$ 时，电动运行状态和再生发电状态下的机械特性。

（2）测定三相线绕式转子异步电动机在 $R_S=36\ \Omega(0.7R_{2N})$ 时，电动状态与反转状态下的机械特性。

（3）在 $R_S=36\ \Omega$，定子绕组加直流励磁电流 $I_1=0.6I_N$ 及 $I_2=I_N$ 时，分别测定能耗状态下的机械特性。

4. 实验设备

实验中所用设备的型号、名称和数量如表 6-7 所示。

表 6-7 实验设备

序　号	型　号	名　称	数　量
1	DDSZ-1	电机及电气实验装置	1 台
2	DJ23	校正直流电机	1 台
3	DJ17	三相线绕式异步电动机	1 台

续表

序　号	型　号	名　称	数　量
4	DD03	导轨、测速发电机及转速表	1件
5	D41	三相可调电阻器	1件
6	D42	三相可调电阻器	1件
7	D44	三相可调电阻器	1件
8	D31	直流电压、电流表	2件
9	D51	波形测试及开关板	1件
10	D33	交流电压表	1件
11	D32	交流电流表	1件
屏上排列顺序	D32、D33、DJ17、DJ23、D42、D31、D41、D31、D44、D51		

5. 实验步骤

按图6-2所示接线图接线，图中M用型号为DJ17的三相线绕式异步电动机，额定电压为220 V，Y连接。MG用型号为DJ23的校正直流电机。S_1和S_2选用挂箱D51上的对应开关，并将S_1合在1的位置，S_2合在$2'$的位置。直流电表A_2、A_4的量程为5 A，A_3的量程为200 mA，V_2的量程为1 000 V。交流电表V_1的量程为150 V，A_1的量程为2.5 A。R_S选用D41变阻器的三相45 Ω阻值(每组为90 Ω与90 Ω电阻并联)，R_3选用D42变阻器的两组1 800 Ω电阻并联，共900 Ω阻值，R_2选用D44变阻器的1 800 Ω阻值，R_1选用D44变阻器的180 Ω电阻与D42变阻器的1 800 Ω(900 Ω+900 Ω)阻值相加，共1 980 Ω阻值。

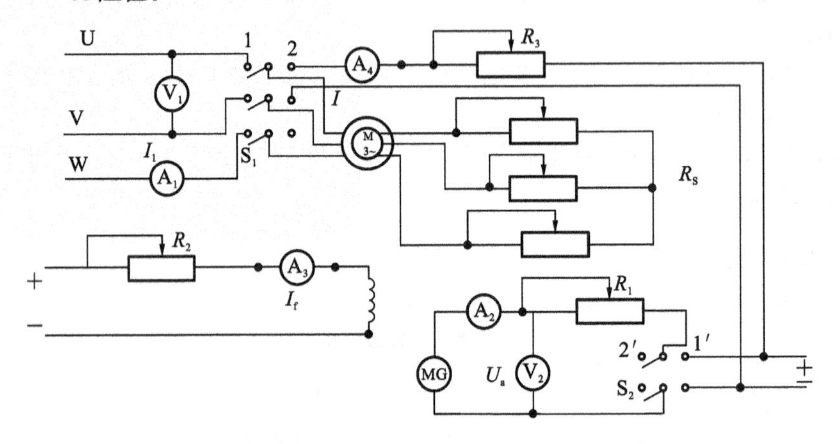

图6-2　三相线绕式转子异步电动机的机械特性接线图

1)$R_S=0$时的电动及再生发电制动状态下的机械特性

(1)将转速表置为正向1 800 r/min量程，S_1合向左边1位置，S_2合向$2'$位置，M的定子绕组接成星形，转子绕组的三个红色接线柱相互短接。R_1、R_2、R_3置最大阻值，将控制屏左侧三相调压器旋钮逆时针方向旋到底，即调到输出电压为最小的位置，交流电表V_1的量程为 150 V，A_1的量程为 2.5 A，直流电流表 A_2、A_4的量程为 5 A，A_3的量程为 200 mA，V_2的量程为 1 000 V。

(2)检查控制屏下方直流电机电源的“励磁电源”开关及“电枢电源”开关，它们都须在断开的位置，接通三相调压“电源总开关”，按下“开”按钮，顺时针方向缓慢旋转调压器旋钮，使三相交流电压慢慢升高，观察电动机转向是否符合要求，若符合要求则升高到U=110 V，并保持不变。接通控制屏左下方直流“励磁电源”开关。调节R_2阻值，使电流表A_3为 100 A。

(3)当S_2仍在$2'$位置时，接通控制屏右下方的电枢电源开关，在开关S_2的$2'$端测量电机 MG 的输出电压的极性，先使其极性与S_2开关$1'$端的电枢电源相反。在R_1阻值为最大的条件下将S_2合向$1'$位置。

(4)调节电枢电源输出电压或R_1阻值，使电动机从接近于堵转状态到接近于空载状态，其间测取电机 MG 的U_a、I_a、n及电动机 M 的交流电流表A_1的值，共取 8～9 组数据记录于表 6-8 中。

表 6-8 U=110 V，R_S=______ Ω，I_f=100 mA

U_a/V									
I_a/A									
n/(r/min)									
I_1/A									

(5)当电机接近空载而转速不能调高时，将S_2合向$2'$位置，调换 MG 电枢极性，使其与S_2开关$1'$端的电枢电源同极性。调节电枢电源电压，使其与 MG 的电压接近相等，将S_2合至$1'$端。保持 M 端的三相交流电压U=110 V，减少R_1阻值，直至短路位置。升高电枢电源电压或增大R_2阻值(减小电机 MG 的励磁电流)，使电动机 M 的转速超过同步转速n_0而进入回馈制动状态，在(1.2～1)n_0范围内测取电动机 M 的U_a、I_a、n及电动机 M 的交流电流表A_1的I_1值，共取 6～7 组数据记录于表 6-9 中。

表 6-9 U=110 V，R_S=______ Ω

U_a/V									
I_a/A									
n/(r/min)									
I_1/A									

(6)停机(先将S_2合至$2'$端，关断电枢电源，再关断励磁电源，按下“关”按钮)。

2)R_S=36 Ω 时的电动及反转状态下的机械特性

(1)在断电的条件下，将三相调压器旋钮调至零位。将转速表置为正向 1 800 r/min量程。将 M 转子每相串联的电阻R_S用万用表分别调准在 36 Ω 位置，并保持不变。R_1选用 D44 变阻器的 180 Ω 电阻与 D42 变阻器的 450 Ω(两组 900 Ω 电阻并联)阻值相加,共 630 Ω 的阻值。并将 R_2、R_1、R_3仍调在最大值位置,电流表 A_1的量程改用 1 A,其余电表量程不变。将 S_2合至 2′端,将 MG 电枢接到开关 S_2连接点的两个连接线端点对调,以便使 MG 输出极性和电枢电源极性相反。

(2)按下“开”按钮,接通三相调压电源,顺时针缓慢旋转调压器旋钮,慢慢升高三相交流电压,使三相线绕式异步电动机 M 启动运转。保持电压 $U=110$ V 不变,接通直流励磁电源开关,调节 R_2阻值,使电流表 A_3为 100 mA。

(3)检查 S_2开关,确定其合在 2′位置时,开启电枢电源,调节电枢电源的输出电压为最小位置,S_2开关 2′端的 MG 电压极性须与 1′端的电枢电压极性相反,在 MG 电枢串联电阻 R_1为最大条件下,将 S_2合向 1′端,使其与电枢电源接通。测量此时电机 MG 的 U_a、I_a、n 及电流表 A_1的 I_1值。减小 R_1阻值或调高“电枢电源”输出电压,使电动机 M 的转速 n 下降,直至 n 为零,把转速表置为反向位置,继续减小 R_1阻值或调高电枢电压,使电动机反向运转,直至转速达－1 500 r/min 为止,在该范围内测取电机 MG 的 U_a、I_a、n 及电流表 A_1的 I_1值,共取 8～10 组数据记录于表 6-10 中。

(4)停机(先将 S_2合至 2′端,关断电枢电源,再关断励磁电源,按下“关”按钮)。

表 6-10 $U=110$ V,$R_S=36$ Ω

U_a/V									
I_a/A									
n/(r/min)									
I_1/A									

3)能耗制动状态下的机械特性

(1)将转速表置为正向 1 800 r/min 量程,R_S仍分别调在 36 Ω 位置并保持不变。R_2、R_3、R_1置为阻值最大的位置,交流电流表用 1 A 量程,其余电表量程不变,将电机 MG 电枢输出的两个接线端对调,使其与电枢电源极性相同。S_2合向左边 2′端,S_1合向右边 2′端。

(2)开启“励磁电源”,调节 R_2阻值,使电流表 A_3的 $I_f=100$ mA,开启“电枢电源”,调节电枢电源的输出电压为 $U=220$ V,再调节 R_3阻值使电动机 M 的定子绕组电流为 $I=0.6I_N=0.36$ A,并保持不变。

(3)在 R_1阻值为最大的条件下,把开关 S_2合向右边 1′端,减少 R_1阻值,使电机 MG 启动运转后转速约为 1 600 r/min,增大 R_1阻值或减小电枢电源电压(但要保持 A_4的电流 I 不变),使电动机转速下降,直至转速 n 约为 50 r/min,其间测取电机 MG 的 U_a、I_a及 n 值,共取 8～10 组数据记录于表 6-11 中。

(4)调节 R_3阻值,使电动机 M 的定子绕组流过的励磁电流 $I=I_N=0.6$ A。

重复上述操作步骤,测取电机 MG 的 U_a、I_a及 n 值,共取 8～10 组数据记录于表 6-12 中。

(5)停机。

表 6-11 $R_S=36\ \Omega, I=0.36\ A$

U_a/V									
n/(r/min)									
I_a/A									

表 6-12 $R_S=36\ \Omega, I=0.6\ A$

U_a/V									
n/(r/min)									
I_a/A									

4)测定电机 M-MG 机组的空载损耗曲线 $P_0=f(n)$

(1)拆掉三相线绕式异步电动机 M 的定子和转子绕组接线端的所有插头。使 R_2 阻值在最小位置,R_1 阻值在 180 Ω 位置,直流电流表 A_3 的量程为 200 Ω,A_2 的量程为 5 A,V_2 的量程为 1 000 V,开关 S_2 合向右边 1′端。

(2)开启“励磁电源”,调节 R_2 阻值,使电流表 A_3 的 $I_f=100$ mA,在 R_1 阻值为最大位置时开启“电枢电源”,使电机 MG 启动运转,调高电枢电源输出电压及减小 R_1 阻值,使 MG 转速约为 1 850 r/min,减小电枢电源输出电压及增大 R_1 阻值,使 MG 转速下降至 $n=100$ r/min,其间测量 MG 的 U_a、I_a 及 n 值,共取 10~12 组数据记录于表 6-13 中。

表 6-13 M-MG 机组的实验数据

U_a/V												
I_a/A												
n/(r/min)												

6. 实验注意事项

调节串联的可调电阻时,要根据电流值的大小相应选择可调节不同电流值的电阻,以防止个别电阻器过流而烧坏。

7. 实验报告

(1)根据实验数据绘制多种运行状态下的机械特性。

计算公式为

$$T=\frac{9.55}{n}[(P_0+I_a^2R_a)-U_aI_a]$$

式中:T 为受测试异步电动机 M 的输出转矩(N·m);U_a 为电机 MG 的电枢端电压(V);I_a 为电机 MG 的电枢电流(A);R_a 为电机 MG 的电枢电阻(Ω),可由实验室提供;P_0 为对应某转速 n 时的空载损耗(W)。

注意:由上式计算的 T 值为电机在 $U=110$ V 时的 T 值,实际的转矩值应折算为额定电压时的异步电机转矩。

(2)绘制电机 M-MG 机组的空载损耗曲线 $P_0=f(n)$。

7 电力拖动继电接触控制

7.1 三相异步电动机的 *M-S* 曲线测绘

1. 实验目的

用本电动机教学实验台的测功机转速闭环功能测绘各种异步电动机的转矩-转差曲线，并加以比较。

2. 预习要点

(1)电动机 *M-S* 特性曲线。

(2)*M-S* 特性的测试方法。

3. 实验项目

(1)鼠笼式异步电动机的 *M-S* 曲线测绘。

(2)绕线式异步电动机的 *M-S* 曲线测绘。

4. 实验原理

异步电动机的机械特性如图 7-1 所示。

在某一转差率 S_m 下，转矩有一最大值 T_m，称为异步电动机的最大转矩，S_m 称为临界转差率。T_m 是异步电动机可能产生的最大转矩。如果负载转矩 $T_z > T_m$，电动机将承担不了而停转。启动转矩 T_{st} 是异步电动机接至电源开始启动时的电磁转矩，此时 $S=1(n=0)$。对于绕线式转子异步电动机，转子绕组串联附加电阻，便能改变 T_{st}，从而可改变启动特性。

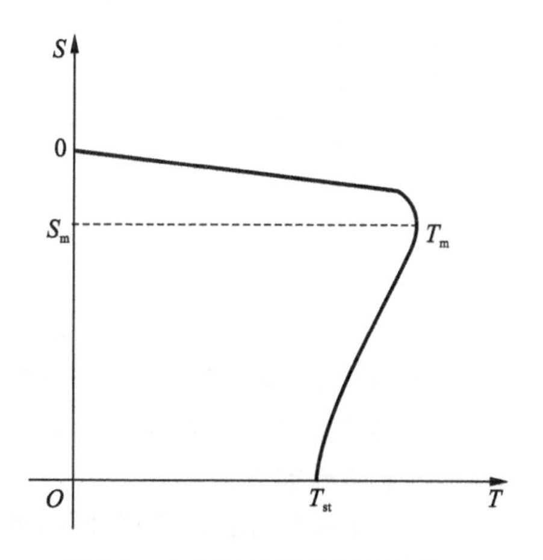

图 7-1 异步电动机的机械特性

异步电动机的机械特性可视为由两部分组成，即当负载转矩 $T_z \leqslant T_N$ 时，机械特性近似为直线，称为机械特性的直线部分，又可称为工作部分，此时电动机不论带何种负载均能稳定运行；当 $S \geqslant S_m$ 时，机械特性为一曲线，称为机械特性的曲线部分，对恒转矩负载或恒功率负载而言，电动机这一特性段与这类负载转矩特性的配合，使电动机不能稳定运行，而对于通风机负载，则在这一特性段上电动机能稳定工作。

在本实验系统中，通过对电动机的转速进行检测，动态调节施加于电动机的转矩，产生随着电动机转速的下降，转矩随之下降的负载，使电动机稳定地运行于机械特性的曲线部分。通过读取不同转速下的转矩，可描绘出不同电动机的 *M-S* 曲线。

5. 实验设备

(1)电动机导轨及测功机、转矩转速测量 DD01。

(2)可调电阻箱 D41、D44。

(3)三相鼠笼式异步电动机 D16。

(4)三相绕线式异步电动机 D17。

6. 实验方法

(1)鼠笼式异步电动机的 *M-S* 曲线测绘。

被试电动机为三相鼠笼式异步电动机 D16，Y 接法。G 为涡流测功机，与 D16 电动机同轴安装。

按图 7-2 接线。

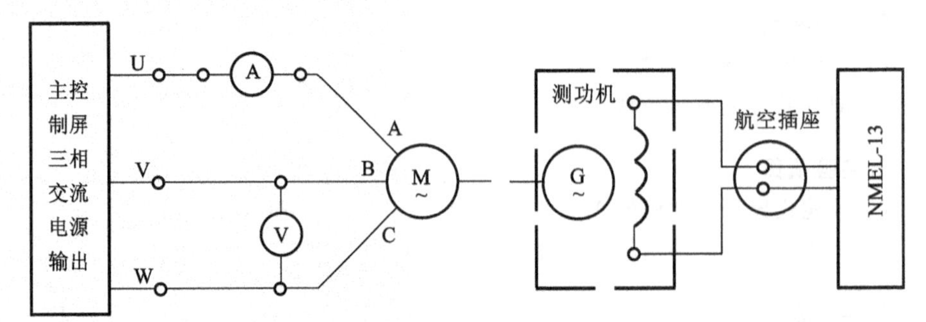

图 7-2　鼠笼式异步电动机 *M-S* 实验接线图

启动电动机前，将三相调压器旋钮逆时针调到底，并将 NMEL-13 中“转矩控制”和“转速控制”选择开关拨向“转速控制”，并将”转速/转矩设定”调节旋钮逆时针调到底。

实验步骤如下：

①按下绿色“闭合”按钮开关，调节交流电源输出调节旋钮，使电压输出为 220 V，启动交流电动机。观察电动机的旋转方向，使之符合要求。

②顺时针缓慢调节“转速/转矩设定”旋钮，经过一段时间的延时后，D16 电动机的负载将随之增加，其转速下降，继续调节该旋钮，电动机由空载逐渐下降到 200 r/min 左右。(注意：转速低于 200 r/min 时，电动机转速可能不稳定。)

③在空载转速至 200 r/min 范围内，测取 8～9 组数据，其中在最大转矩附近多测几组，填入表 7-1。

表 7-1 $U_N = 220$ V Y 接法

序　　号	1	2	3	4	5	6	7	8	9
转速/(r/min)									
转矩/(N·m)									

④当电动机转速下降到 200 r/min 时，逆时针回调"转速/转矩设定"旋钮，转速开始上升，直到升到空载转速为止，在这范围内，读出 8～9 组异步电动机的转矩 T、转速 n，填入表 7-2。

表 7-2 $U_N = 220$ V Y 接法

序　　号	1	2	3	4	5	6	7	8	9
转速/(r/min)									
转矩/(N·m)									

(2)绕线式异步电动机的 M-S 曲线测绘。

被试电动机采用三相绕线式异步电动机 D17，Y 接法。

按图 7-3 接法，电压表和电流表的选择同前，转子调节电阻采用 D44 中绕线电动机启动电阻。NMEL-13 的开关和旋钮的设置同前，调压器退至零位。

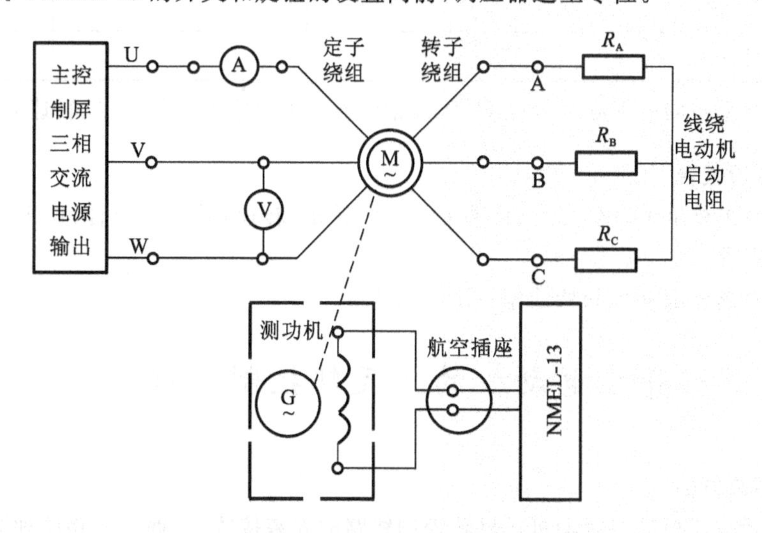

图 7-3 绕线式异步电动机 M-S 实验接线图

①绕线电动机的转子调节电阻调到零(三只旋钮顺时针调到底)，顺时针调节调压器旋钮，使电压升至 180 V，电动机开始启动至空载转速。顺时针调节"转速/转矩设定"旋钮，D17 的负载随之增加，电动机转速开始下降，继续逆时针调节该旋钮，电动机转速下降至 100 r/min 左右。在空载转速至 100 r/min 范围时，读取 8～9 组绕线电动机转矩 T、转速 n 记录于表 7-3。

表 7-3　　U=180 V　　R_S=0 Ω

序　　号	1	2	3	4	5	6	7	8	9
转速/(r/min)									
转矩/(N·m)									

②绕线电动机的转子调节电阻调到 2 Ω，重复以上步骤，记录相关数据于表 7-4。

表 7-4　　U=180 V　　R_S=2 Ω

序　　号	1	2	3	4	5	6	7	8	9
转速/(r/min)									
转矩/(N·m)									

③绕线电动机的转子调节电阻调到 5 Ω(断开电源，用万用表测量，三相需对称)，重复以上步骤，记录相关数据于表 7-5。

表 7-5　　U=180 V　　R_S=5 Ω

序　　号	1	2	3	4	5	6	7	8	9
转速/(r/min)									
转矩/(N·m)									

(3)换上不同的单相异步电动机，按相同方法测出它们的转矩 T、转速 n。

7. 实验报告

(1)在方格纸上，逐点绘出各种电动机的转矩、转速，并进行拟合，作出被试电动机的 M-S 曲线。

(2)对这些电动机的特性作一比较和评价。

7.2　三相异步电动机的正反转控制线路

1. 实验目的

(1)通过三相异步电动机正反转控制线路的安装接线，掌握由电路原理图接成实际操作电路的方法。

(2)掌握三相异步电动机正反转的原理和方法。

(3)掌握接触器联锁正反转控制和按钮联锁正反转控制的不同接法，并熟悉在操作过程中存在的不同之处。

2. 选用组件

(1)型号为 DJ24 的三相鼠笼电动机(U_N=220 V，△接法)。

(2)型号为 D61 的继电器接触控制挂箱(一)。

(3)型号为 D63 的继电器接触控制挂箱(三)。

3. 实验方法

(1)接线前进行检查,确保控制屏左侧端面上的调压器旋钮在零位,直流电机电源的“电枢电源”开关及“励磁电源”开关在断开位置,各个电源输出端没有连接负载。开启“电源总开关”,按下“开”按钮,顺时针方向旋转调压器旋钮,将三相调压电源 U、V、W 输出的线电压调到 220 V,以后保持不变。

(2)按下“关”按钮切断交流电源后,按图 7-4 所示线路接线,图中开关 Q1、熔断器 FU 选用 D63 挂箱,接触器 KM1、KM2、按钮 SB1、SB2、SB3 及热继电器 FR 选用 D61 挂箱。接线完毕并经指导教师检查无误后,方可按下“开”按钮,按下列实验步骤进行通电操作。

①合上电源开关 Q1,接通三相交流 220 V 电源。

②按下按钮 SB1,观察并记录电动机 M 的转向、自锁和联锁触头的吸断状态。

③按下按钮 SB2,观察并记录电动机 M 的转向、自锁和联锁触头的吸断状态。

④按下按钮 SB3,观察并记录电动机 M 的运行状态、自锁和联锁触头的吸断状态。

⑤再按下按钮 SB2,观察并记录电动机 M 的转向、自锁和联锁触头的吸断状态。

(3)按下“关”按钮切断三相交流电源,按图 7-5 所示线路接线,经指导教师检查无误后,方可按下“开”按钮,按下列实验步骤进行通电操作。

①合上开关 Q1,接通 220 V 交流电源。

②按下按钮 SB1,观察并记录电动机 M 的转向、自锁和联锁触头的吸断状态。

③按下按钮 SB2,观察并记录电动机 M 的转向、自锁和联锁触头的吸断状态。

④按下按钮 SB3,观察并记录电动机 M 的运转状态、自锁和联锁触头的吸断状态。

⑤将 SB1 按下一半(不按到底),将 SB2 按到底,分别观察电动机 M 的运转状态、自锁和联锁触头的吸断状态。

⑥将 SB2 按下一半(不按到底),将 SB1 按到底,分别观察电动机 M 的转向、自锁和联锁触头的吸断状态。

⑦同时按下 SB1 和 SB2,观察电动机 M 的转向、自锁和联锁触头的吸断状态。

4. 讨论题

(1)在按图 7-4 所示线路进行的实验中,自锁触头的功能是什么?

(2)在按图 7-4 所示线路进行的实验中,联锁触头的功能是什么?

(3)在按图 7-5 所示线路进行的实验中,使用了双重联锁,它和按图 7-4 所示线路进行的实验相比,有什么特色?

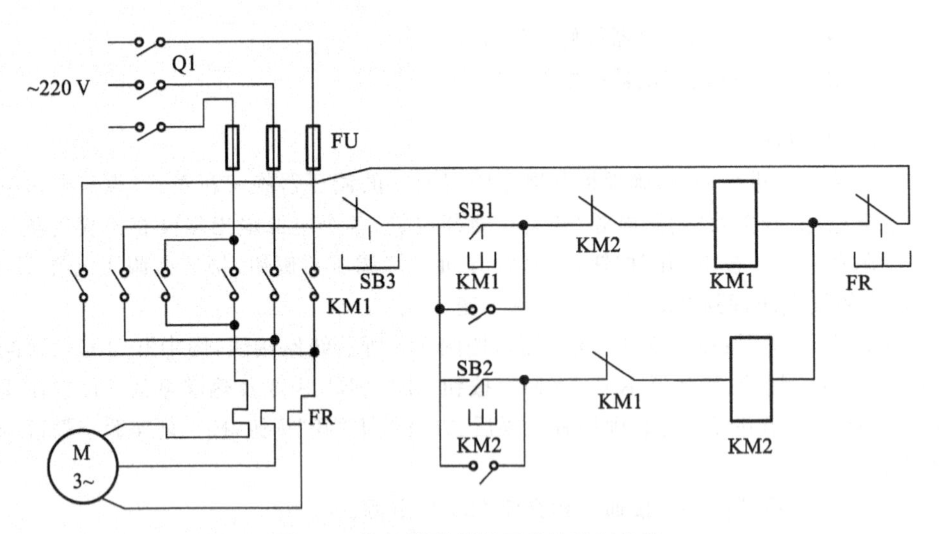

图 7-4　接触器联锁的正反转控制线路

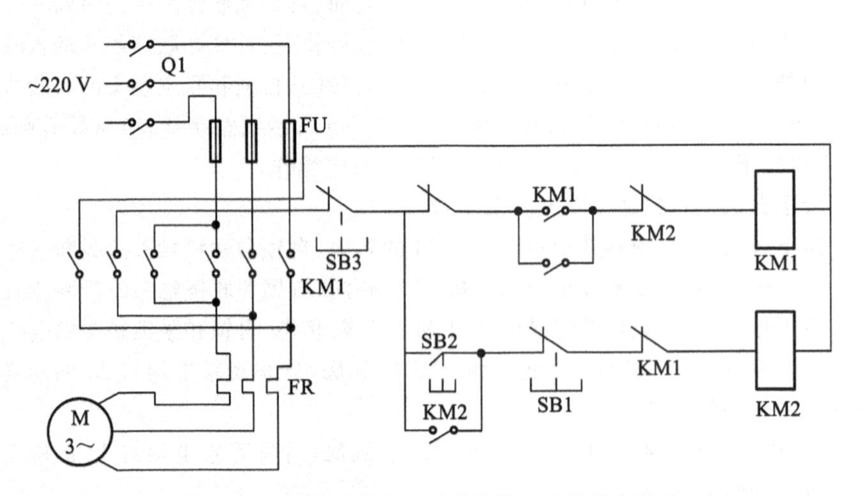

图 7-5　接触器和按钮双重联锁的正反转控制线路

7.3　工作台往返自动控制

1. 实验目的

(1)通过对工作台自动往返控制线路的实际安装接线，掌握由电气原理图变换成安装接线图的能力。

(2)通过实验进一步理解工作台往返自动控制的原理。

2. 选用组件

(1)DJ16 三相鼠笼异步电动机(U_N=220 V,△接法)。

(2)D61 继电器接触控制挂箱(一)。

(3)D63 继电器接触控制挂箱(三)。

3. 实验方法

(1)图 7-6(a)为工作台示意图,图 7-6(b)为工作台自动往返控制线路图。当工作台的挡块停在行程开关 SQ1 和 SQ2 之间的任意位置时,可以按下启动按钮 SB1 或 SB2,使工作台运动。例如,按下正转按钮 SB1,电动机正转带动工作台左进。当工作台达到终点时,挡块压下终点行程开关 SQ2,SQ2 的常闭触点断开正转控制回路,电动机停止正转;同时 SQ2 的常开触点闭合,使电动机反转,接触器 KM2 得电动作,工作台右退。当工作台退回原位时,挡块压下 SQ1,其常闭触点断开反转控制电路,常开触点闭合,使接触器 KM1 得电,电动机带动工作台前进,实现了自动往复运动。

(2)按图 7-6(b)所示工作台自动往返控制线路接线,经指导教师检查无误后,方可按下列步骤实验。

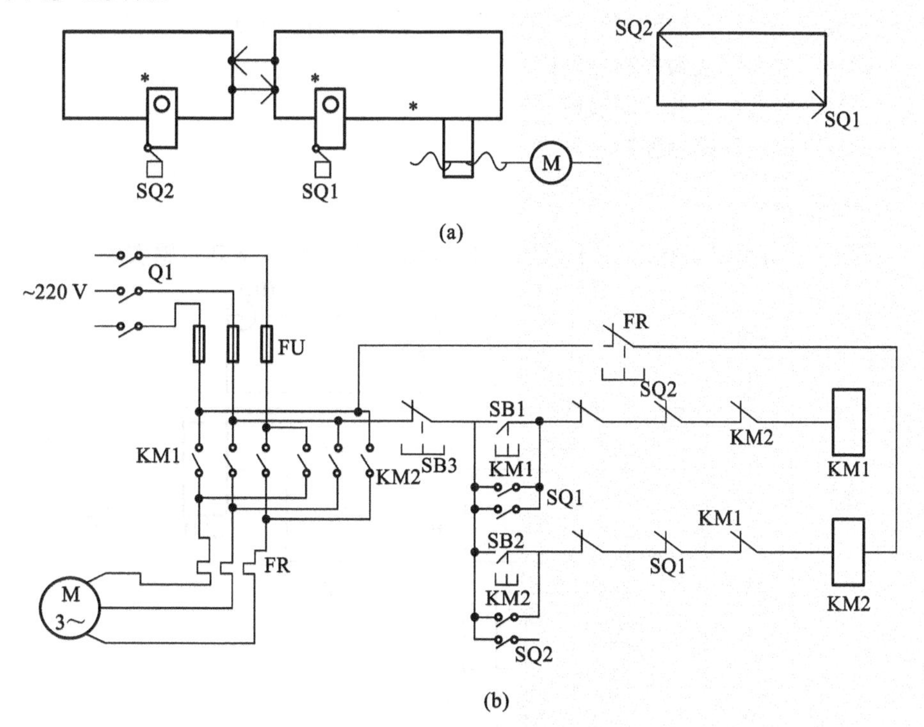

图 7-6 工作台电气图

①合上开关 Q1,接通 220 V 三相交流电源。

②按下 SB1 按钮,使电动机正转,运转约半分钟。

③用手按下 SQ2(模拟工作台左进到达终点,挡块压下行程开关),电动机应停止正

转，并变为反转。

④电动机反转约半分钟后，用手按下 SQ1（模拟工作台后退到达原位，挡块压下行程开关），电动机应停止反转，并变为正转。

⑤重复上述步骤，实际接线应能正常工作。

7.4 C620 车床电气控制

1. 实验目的

(1)通过对 C620 车床电气控制线路的实际安装接线，掌握由电气原理图变换成安装接线图的能力。

(2)通过实验进一步理解车床电气控制原理。

2. 选用组件

(1)DJ16 三相鼠笼异步电动机及 DJ24 三相鼠笼电动机各一台，$U_N=220$ V，三角形接法（其中 DJ16 作主电动机 M1，DJ24 作冷却泵电动机 M2）。

(2)D61 继电器接触控制挂箱（一）。

(3)D62 继电器接触控制挂箱（二）。

(4)D63 继电器接触控制挂箱（三）。

3. 实验方法

按图 7-7 所示线路接线，经指导教师检查无误后，方可按下列步骤实验。

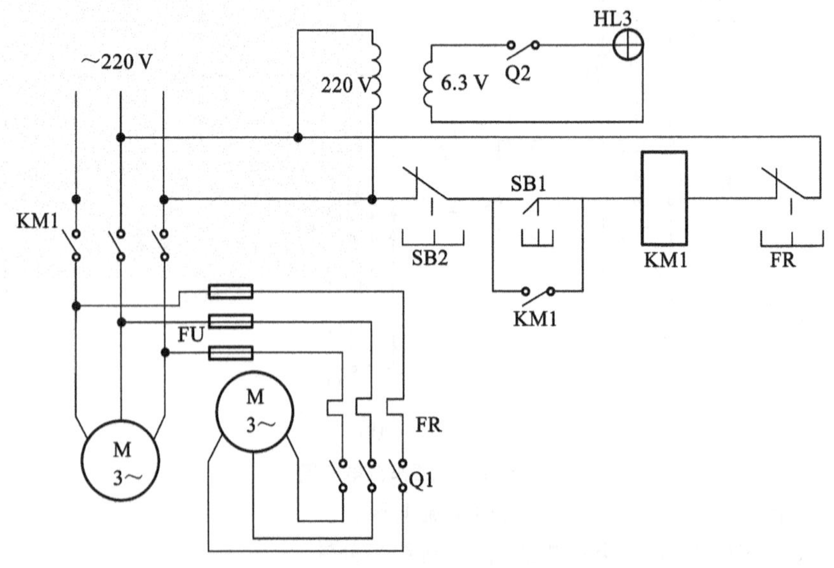

图 7-7 C620 车床电气控制原理图

(1)接通 220V 三相交流电源。

(2)按下 SB2 按钮，接触器 KM1 线圈通电，在主电路中的常开主触头 KM1 接通，主电动机 M1 启动运转。

(3)合上开关 Q1，冷却泵电动机 M2 工作。

(4)若车床需提供照明灯，可合上开关 Q2，使 SB3 的 HL3 灯亮(模拟照明灯)。

(5)按下按钮 SB1，线圈 KM1 断电，主电路中的主触头 KM1 断开，主电动机 M1 断电停止运转，同时冷却泵电动机 M2 也停止运转。

(6)如果冷却泵电动机 M2 缺相(保险丝 FU 少了一相)或过载，则热继电器 FR 动作，使控制电路的常闭触点 FR 断开，KM1 线圈断电，主触头断开，主电动机 M1 和冷却泵电动机 M2 停止运转。

4. 讨论题

(1)为什么冷却泵电动机应接在主触头 KM1 的下面？

(2)为什么照明灯应接在主触头 KM1 的上面？

7.5 继电-接触式控制线路(Y-△降压启动)的设计、安装与调试

1. 实验目的

(1)在电气控制原理的基础上了解本设计中的各个电气控制元器件及其作用。

(2)根据实验要求，设计出一个具有通电延时的继电-接触式电气控制线路(Y-△降压启动)，并且进行安装与调试。

2. 预习要点

(1)电气控制线路的工作原理，主电路和控制回路的主要组成部分。

(2)继电-接触式控制线路。

3. 实验设备

实验中所用设备的型号、名称和数量如表 7-6 所示。

表 7-6 实验设备

序号	型号	名称	数量
1	DD01	电源控制屏	1台
2	DJ24	三相鼠笼电动机	1台
3	D61	继电器接触控制挂箱	1件
4	D63	继电器接触控制挂箱	1件
5	D32	交流电流表	1件

4. 实验内容

根据设计方案，要求电动机进行 Y-△降压启动，并且具有过载保护、短路保护、失压保护和欠压保护等功能，试设计出一个具有通电延时的 Y-△降压启动的继电-接触式电气控制线路，并且进行安装与调试。

5. 实验步骤

(1)检查各实验设备外观及质量是否良好，重点观察时间继电器的外观及使用方法。

(2)按图 7-8 三相鼠笼式异步电动机 Y/△降压启动控制线路进行正确接线，先接主回路，再接控制回路。自己检查无误并经指导老师检查认可后方可合闸通电实验。

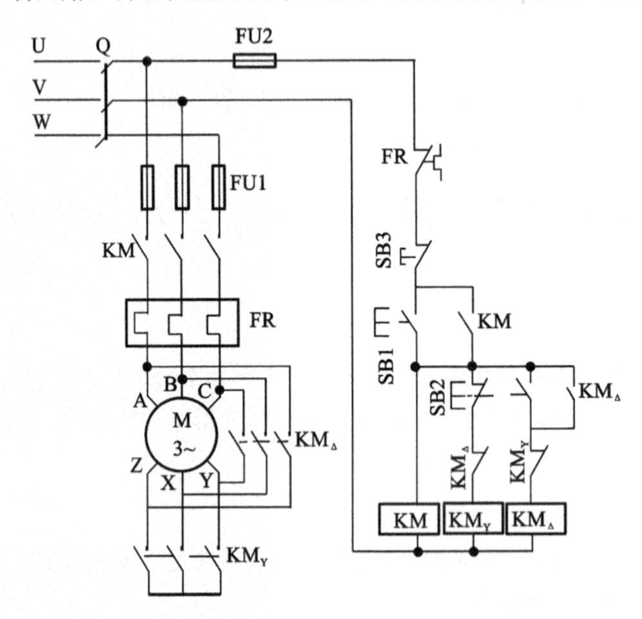

图 7-8　三相鼠笼式异步电动机 Y/△降压启动控制线路

①合上控制屏的漏电断路器，缓慢调节三相调压器的旋钮，同时观察电源控制屏的指针式电压表，当电压为 220 V 时，合上绿色按钮开关，此时 U、V、W 输出交流电压。

②按下启动按钮 SB1，观察电动机的工作情况。

③按下切换按钮 SB2，观察电动机的工作情况。

④按下停止按钮 SB3，观察电动机的工作情况。

⑤按下控制屏的红色按钮开关，断开 U、V、W 的输出电压，并断开漏电保护器。

6. 思考题

(1)设计一个用时间继电器控制的 Y/△降压启动控制线路。

(2)若在实验中发生故障，画出故障线路，分析故障原因。

(3)降压启动的最终目的是控制什么物理量？

(4)试比较 $I_{\text{Y启动}}/I_{\triangle\text{启动}}=$________,结果说明了什么问题?

7. 注意事项

(1)考前交预习报告。

(2)本设计性实验作为实验考核,要求自带空白的实验报告参加考核,不能携带任何印刷品及资料;如经发现,一律视为作弊。

(3)每人一组独立完成,若经认真思考后仍有疑问,可向指导教师询问,但测试结果要视情况适当扣分。

(4)要求在规定时间内(180 min)提交设计报告及实际线路,并回答有关问题。

(5)注意人身和设备安全。

8

控制微电机实验

8.1　力矩式自整角机实验

1. 实验目的

(1)了解力矩式自整角机精度和特性的测定方法。

(2)掌握力矩式自整角机系统的工作原理和应用知识。

2. 预习要点

(1)力矩式自整角机的工作原理。

(2)力矩式自整角机精度与特性的测试方法。

(3)力矩式自整角机比整步转矩(又称比力矩)的测量方法。

3. 实验方法

(1)测定力矩式自整角发送机的零位误差。

(2)测定力矩式自整角机静态整步转矩与失调角的关系曲线。

(3)测定力矩式自整角机比整步转矩及阻尼时间。

(4)测定力矩式自整角机的静态误差。

4. 实验方法

1)测定力矩式自整角发送机的零位误差 $\Delta\theta$

(1)按图 8-1 所示接线图接线。励磁绕组 L_1、L_2 接额定激励电压 U_N(220 V),整步绕组 T_2、T_3 端接数字式电压表。

(2)旋转刻度盘,找出输出电压最小的位置,将其作为基准电气零位。

(3)整步绕组三线间共有 6 个零位,刻度盘转过 60°即有两线端输出电压为最小值。

(4)实测整步绕组三线间 6 个输出电压为最小值的相应位置的角度与电气角度,并记录于表8-1中。

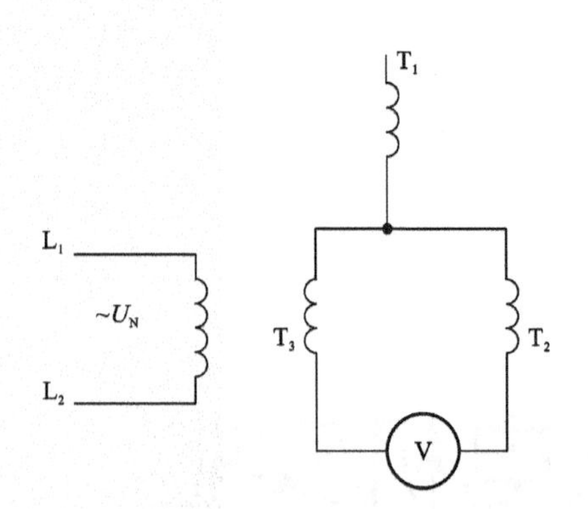

图 8-1 测定力矩式自整角机零位误差接线图

表 8-1 零位误差实验数据

理论上应转角度	基准电气零位	+180°	+60°	+240°	+120°	+300°
刻度盘上实际角度						
误差						

注意:机械角超前为正误差,滞后为负误差,正负最大误差绝对值之和的一半即为发送机的零位误差 $\Delta\theta$,以角分表示。

2)测定力矩式自整角机静态整步转矩与失调角的关系 $T=f(\theta)$

(1)按图 8-2 所示接线图接线。

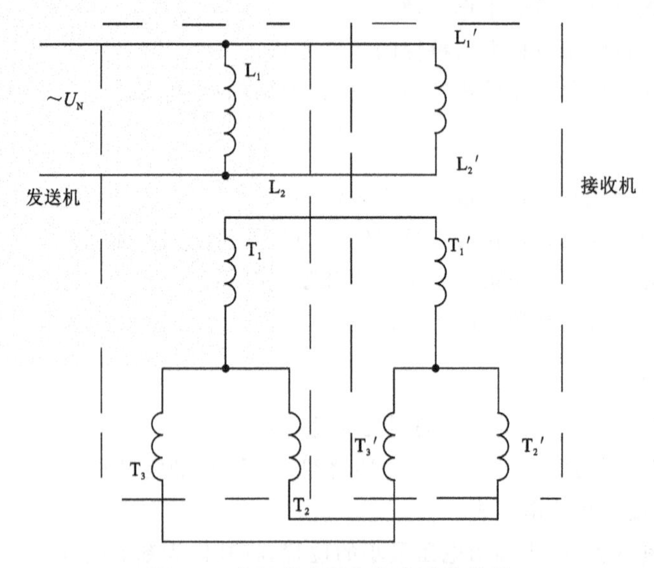

图 8-2 力矩式自整角机实验接线图

(2)将发送机和接收机的励磁绕组加额定激励电压 220 V,待稳定后,将发送机和接收机均调整到 0°位置,使发送机刻度盘紧固在该位置。

(3)在接收机的指针圆盘上加砝码，记录砝码重量及接收机转轴偏转角度。在偏转角从0°～90°之间取7～9组数据，并记录于表8-2中。

注意：①实验完毕后，应先取下砝码，再断开励磁电源；②表8-2中 $T=GR$，式中，G 为砝码重量(gf)，R 为圆盘半径(cm)。

表8-2 静态整步转矩与失调角的实验数据

T/(gf·cm)									
θ/(°)									

表8-3 静态误差实验数据

发送机转角	0°	20°	40°	60°	80°	100°	120°	140°	160°
接收机转角									
误差									
发送机转角	180°	200°	220°	240°	260°	280°	300°	320°	340°
接收机转角									
误差									

3)测定力矩式自整角机的静态误差 $\Delta\theta_{jt}$

(1)仍按图8-2所示接线图接线。

(2)发送机和接收机的励磁绕组加额定电压220 V，发送机的刻度盘不紧固，并将发送机和接收机均调整到0°位置。

(3)缓慢旋转发送机刻度盘，每转过20°，读取接收机实际转过的角度，并记录于表8-3中。

注意：接收机转角超前为正误差，滞后为负误差，正、负最大误差绝对值之和的一半即为力矩式接收机的静态误差。

4)测定力矩式自整角机的比整步转矩

比整步转矩是指在力矩式自整角机系统中，在协调位置附近单位失调角所产生的整步转矩。

测定接收机的比整步转矩时，可按图8-1所示接线图接线，但 T_2、T_3 作为接收机使用时，T_1'、T_2' 用导线短接，在励磁绕组 L_1'、L_2' 两端施加额定电压，在指针圆盘上加砝码，使指针偏转5°左右，测取整步转矩。实验时，在正、反两个方向各测一次，两次测量的平均值应符合标准规定。

比整步转矩 T_θ 按下式计算：

$$T_\theta=\frac{T}{2\theta}$$

式中：$T=GR$ 为整步转矩(gf·cm，1 gf·cm$=9.8\times10^{-3}$N·m)；θ 为指针偏转的角度(°)；G 为砝码质量(g)；R 为圆盘半径(cm)。

5)阻尼时间的测定

阻尼时间 t_m 是指在力矩式自整角机系统中,接收机自失调位置至协调位置达到稳定状态所需的时间。测定阻尼时间时可按图 8-3 所示接线图接线。

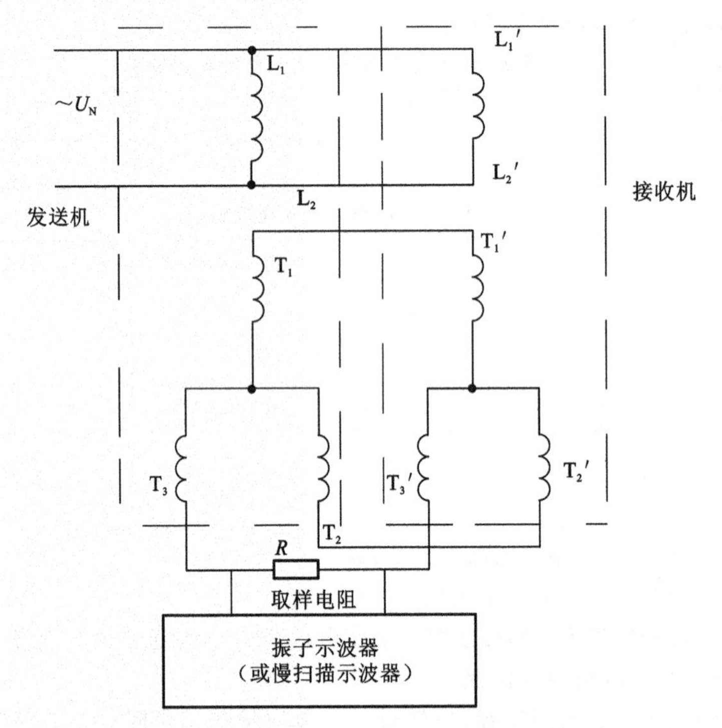

图 8-3 测定力矩式自整角机阻尼时间接线图

在发送机和接收机的励磁绕组上加额定电压,使发送机的刻度盘和接收机的指针指在0°位置,并紧固发送机的刻度盘在该位置。用手旋转接收机指针圆盘,使系统失调角为 177°,然后松手使接收机趋向平衡位置,拍摄(或慢扫描示波器观察)取样电阻 R 两端的电流波形,记录接收机的阻尼时间。

5. 实验报告

(1)根据实验结果,求出被测试力矩式自整角发送机的零位误差 $\Delta\theta_0$。

(2)作出静态整步转矩与失调角的关系曲线 $T=f(\theta)$。

(3)实测比整步转矩和接收机的阻尼时间。

(4)求出被测试力矩式自整角机的静态误差 $\Delta\theta_{jt}$。

附录A　DDSZ-1型电机及电气技术实验装置受测试电机铭牌数据一览表

序号	编号	名　　称	P_N/W	U_N/V	I_N/A	N_N/(r/min)	U_{fN}/V	I_{fN}/A	绝缘等级	备注
1	DJ11	三相组式变压器	231/231	380/95	0.35/1.4					Y/Y
2	DJ12	三相心式变压器	152/152/152	220/63.6/55	0.4/1.38/1.6					Y/△Y
3	DJ13	复励直流发电机	100	200	0.5	1600			E	
4	DJ14	串励直流发电机	120	220	0.8	1400			E	
5	DJ15	并励(激)直流电动机	185	220	1.06	1600	220	<0.16	E	
6	DJ16	三相鼠笼异步电动机	100	220(△)	0.5	1420			E	
7	DJ17	三相线绕式电机	120	220(Y)	0.6	1380			E	
8	DJ18	同步发电机	170	220(Y)	0.45	1500	14	1.2	E	
9	DJ18	同步电动机	90	220(Y)	0.35	1500	10	0.8	E	
10	DJ19	单相电容启动电机	90	220	1.45	1400			E	C=35 μF
11	DJ20	单相电容运转电机	120	220	1.0	1420			E	C=4 μF
12	DJ21	单相电阻分相电机	90	220	1.45	1400			E	
13	DJ22	双速异步电机	120/90	220	0.6/0.6	2820/1400			E	YY/△
14	DJ23	校正过的直流电机	355	220	2.2	1500	220	<0.16	E	
15	DJ24	三相鼠笼电动机	180	220(△)	1.14/0.66	1430			E	

附录B　无源挂件的使用

属于无源挂件的有DJ11、D41、D42、D43、D44、D51、D61、D62、D63，共9个，它们没有外拖电源线，可直接钩挂在控制屏上的两根不锈钢管上，并可沿钢管左右随意移动。

1. DJ11 组式变压器

DJ11组式变压器由三只相同的双绕组单相变压器组成，每只单相变压器的高压绕组额定值为220 V、0.35 A，低压绕组的额定值为550 V、104 A。

三只变压器可单独做单相变压器实验，也可将其连成三相变压器组进行实验，此时，三相高压绕组的首端分别用A、B、C标号，其对应末端用X、Y、Z标号；三相低压绕组的首端用小写的a、b、c标号，其对应末端用小写的x、y、z标号。

2. D41 三相可调电阻器

D41三相可调电阻器由3只90 Ω×2、1.3 A、150 W可调磁盘电阻器组成。每只90 Ω电阻串接1.5 A保险丝，起过载保护作用。其中第一个电阻器设有两组90 Ω固定阻值的接线柱，做实验时可作为电机负载及启动电阻使用，也可另作它用。

3. D42 三相可调电阻

D42三相可调电阻由3只90 Ω×2、0.41 A、150 W可调磁盘电阻器组成。每只900 Ω电阻串接0.5 A保险丝，起过载保护作用。其中第一个电阻器设有两组900 Ω固定阻值的接线柱，做实验时可作为电机负载或励磁电阻使用，也可另作它用。

4. D43 三相可调电抗器

D43三相可调电抗器由一个127 V、0.5 A的固定电抗器和一个0～250 V的自耦调压器组成。可有三种用法，现以一相为例：

(1)作为固定电抗器使用，接线从线端L_1、X两端引出，允许电压127 V，电流0.5 A，电感量0.8 H；

(2)作为调压器使用，220 V交流电压加到A、X端，0～250 V可调电压，从a、x端输出；

(3)作为可调电抗器使用，须将L_1与a端相连，把A、X两端接入交流电源(127 V)，在交流电压作用下随着调压器旋钮顺时针方向旋转(原、副绕组的匝数比减小)，通过A、X的电流增大，等效于电抗减小，即起到可调电抗的作用。

5. D44 可调电阻器、电容器

D44 可调电阻器、电容器由 90 Ω×2、1.3 A、150 W 可调磁盘电阻器，900 Ω×2、0.41 A、150 W 磁盘电阻器，350 μF(450 V)、4 μF(450 V)电力电容器各一只及两只单刀双掷开关组成。每只 90 Ω 和 900 Ω 电阻器都串接有保险丝保护，其中 90 Ω 电阻器设有两组 90 Ω 固定阻值的接线柱。

90 Ω×2 的电阻器一般用于他励直流电动机与电枢串联的启动电阻；900 Ω×2 的电阻器一般用于励磁绕组串联的励磁电阻。

35 μF(450 V)电容器为电容分相式异步电动机的启动电容器。

4 μF(450 V)电容器为电容分相式异步电动机的运行电容器。

6. D51 波形测试及开关板

本挂件由波形测试部分和一个三刀双掷开关、两个双刀双掷开关组成，是无源挂件。

波形测试部分：用于测试三相组式变压器及三相芯式变压器不同接法时的空载电流、主磁通、相电势、线电势及三角形(△形)连接的闭合回路中三次谐波电流的波形。面板上方“Y1”和“⊥”两个接线柱接示波器的输入端，任意按下五个按键开关中的一个时(不能同时按下两个或两个以上的按键)，示波器屏幕上将显示与该按键开关上所示的指示符号相对应的波形。

注意：在测试电势与电流的波形时，示波器要用衰减 10 倍的探头，并选择合适的衰减挡位。

S_1、S_2、S_3 三个开关用作 Y/△换接的手动切换开关，或另作它用。

7. D61 继电器接触控制挂箱(一)

本挂件由三只交流接触器、一只热继电器、一只时间继电器和三只按钮组成，可完成电动机电动、互锁、自锁等试验项目。各器件的线圈和触点均已引到面板接线柱上，面板上的符号一目了然。交流接触器型号为 CJ10-10，线圈电压为交流 220 V；热继电器型号为 JR16B-20/3D；时间继电器型号为 JS7-1A，线圈电压为交流 220 V，是通电延时型时间继电器。其中，交流接触器和时间继电器线圈通电时，绿色指示灯亮；热继电器保护动作时，红色指示灯亮，此时，必须按一下复位开关，方可恢复正常工作。

次挂箱的面板采用摇臂结构，当需要观察接触器及时间继电器等实物结构、吸合动作情况(包括观察吸合时触头处的火花等)、热继电器动作后需要手动复位或需要调节时间继电器的延时时间时，可旋下面板右侧的 M5 螺钉并小心地摇开面板即可。

8. D62 继电器接触控制挂箱(二)

本挂件由中间继电器(JZ-7)、时间继电器(JS7-4A)、变压器、桥式整流电路、行程开关 JW2A-11H/LTH 及电容各一只组成。

中间继电器、时间继电器的线圈电压为220 V，线圈通电后，工作指示灯亮；变压器为220 V/26 V/6.3 V；电容器为CBB61(1.2 μF、450 V)。

时间继电器可通过面板上的“时间调节”小孔调节其演示时间，调节范围为0.45～60 s，是断电延时型时间继电器。

9. D63 继电器接触控制挂箱(三)

本挂件由两只三刀双掷开关(KN1-302)、三只熔断器(RL1-15)、三只珐琅电阻、四只行程开关(JW2A-11H/LTH)及两只中间继电器(JZ-7)组成。

三刀双掷开关的使用同D51；熔断器的熔芯为3 A；珐琅电阻为100 Ω/20 W，可用作能耗制动，也可另作它用；行程开关可用于换向、限位、行程控制等试验；中间继电器线圈通电时，绿色指示灯亮。

附录C　有源挂件的使用

属于有源挂件的有 D31 2 件，D32、D33、D34 各 1 件，共 5 件，它们的共同点都是需要外接交流电源，因此，都有一根外拖的电源线。其中：D31、D34 两个挂件，需外拖一根三芯护套线和 220 V 三芯圆形电源插头（与控制屏挂箱凹槽处的 220 V 三芯插座匹配）；D32 交流电流表、D33 交流电压表两个挂件，需外拖一根四芯护套线和航空插头（与控制屏挂箱凹槽处的四芯插座匹配）。

1. D31 直流数字电压、电流表

(1)将此挂件挂在钢管上，并移动到合适的位置，插好电源线插头。挂件在钢管上不能随便移动，否则会损坏电源线及插头等。

(2)开启面板右下方的电源开关，指示灯亮。

(3)电压表的使用：通过导线将正负两极并接到被测对象的两端，对四挡按键开关进行操作，完成电压表的接入和对量程的选择。电压表的正负两极要与被测量的正负端对应，否则电压表表头的第一个数码管将会出现"—"，表示极性接反，如附表 C-1 所示。

附表 C-1　电压表

关	2 V	20 V	200 V	1 000 V

在使用过程中要特别注意应预先估算被测量的范围，以此来正确选择适当的量程，否则易损坏仪表。

(4)毫安表的使用：通过导线将正负两端串接在被测电路中，对四挡按键开关进行操作，完成毫安表的接入和对量程的选择。如果极性接反，毫安表表头的第一个数码管将会出现"—"，如附表 C-2 所示。

附表 C-2　毫安表

关	2 mA	20 mA	200 mA

(5)电流表(5 A 量程)的使用：将正负两端串接在被测电路中，按下开关按钮，数码便显示被测电流的值。如果极性相反，电流表表头的第一个数码管将会出现"—"。

2. D32 交流电流表

(1)挂好此挂件,接插好电源信号线插座。

(2)挂件上共有三个完全相同的多量程指针式交流电流表,各表都设置有四个量程(0.25 A,1 A,2.5 A,5 A),并通过按键开关进行切换。

(3)实验接线要与被测电路串联,量程换挡及不需要指示测量值时,将“测量/短接”键处于“短接”状态;需要测量时,将“测量/短接”键处于“测量”状态。

(4)当测量电流 $I<0.25$ A 时,选择“0.25 A”、“ * ”这两个输入口;当 0.25 A$\leqslant I<$1 A 时,选择“1 A”、“ * ”这两个输入口;当 2.5 A$\leqslant I<$5 A 时,选择“5 A”、“ * ”这两个输入口。使用前要估算被测量的大小,以此来选择适当的量程,并按下该量程按键,相应的绿色指示灯亮,指针指示出被测量值。

(5)若被测量值超过仪表某量程的量限,则报警指示灯亮,蜂鸣器发出报警信号,并使控制屏内接触器跳开。将该超量程仪表的“复位”按钮按一下,蜂鸣器停止发出声音,重新选择量程或将测量值减小到原量程测量范围内,再启动控制屏,方可继续实验。

3. D33 交流电压表

(1)挂好此挂件,接插好电源信号线插座。

(2)挂件上共有三个完全相同的多量程指针式交流电压表,各表都设置有五个量程(30 V,75 V,150 V,300 V,450 V),并通过按键开关进行切换。

(3)实验接线要与被测电路并联,并估算被测量值的大小,以此选择合适的量程按键,并按下该量按键,相应的绿色指示灯亮,指针指示出被测量值。

(4)若被测量值超过仪表某量程的量限,则报警指示灯亮,蜂鸣器发出报警信号,并使控制屏内接触器跳开。将该超量程仪表的“复位”按钮按一下,蜂鸣器停止发出声音,重新选择量程或将测量值减小到原量程测量范围内,再启动控制屏,方可继续实验。

4. D34 单、三相智能数字功率及功率因数表

本挂件主要由微型计算机、高精度 A/D 转换芯片和全数字显示电路构成。为了提高电压、电流的测量范围和测试精度,在硬、软件结构上,均分为八挡测试区域,测试过程中皆自动换挡,不必担心由于换错挡而损坏仪器,主要功能如下:①单相功率及三相功率 P_1、P_2、P(总功率)的测量,输入电压、电流量程分别为 450 V、5 A;②功率因数 $\cos\varphi$ 的测量,同时显示负载性质(感性或容性)及被测电压、电流的相位关系;③频率和周期的测量,测量范围分别为 1.00～99.00 Hz 和 1.00～99.00 ms;④对测试过程中数据进行储存,可记录 15 组测试数据(包括单相功率、三相功率(P_1、P_2、P)、功率因数 $\cos\varphi$ 等),可随时查阅。测量时的接线与一般功率表的接线相同,即电流线圈与被测电路串联,电压线圈与被测电路并联。

附录D　电动机校正曲线图

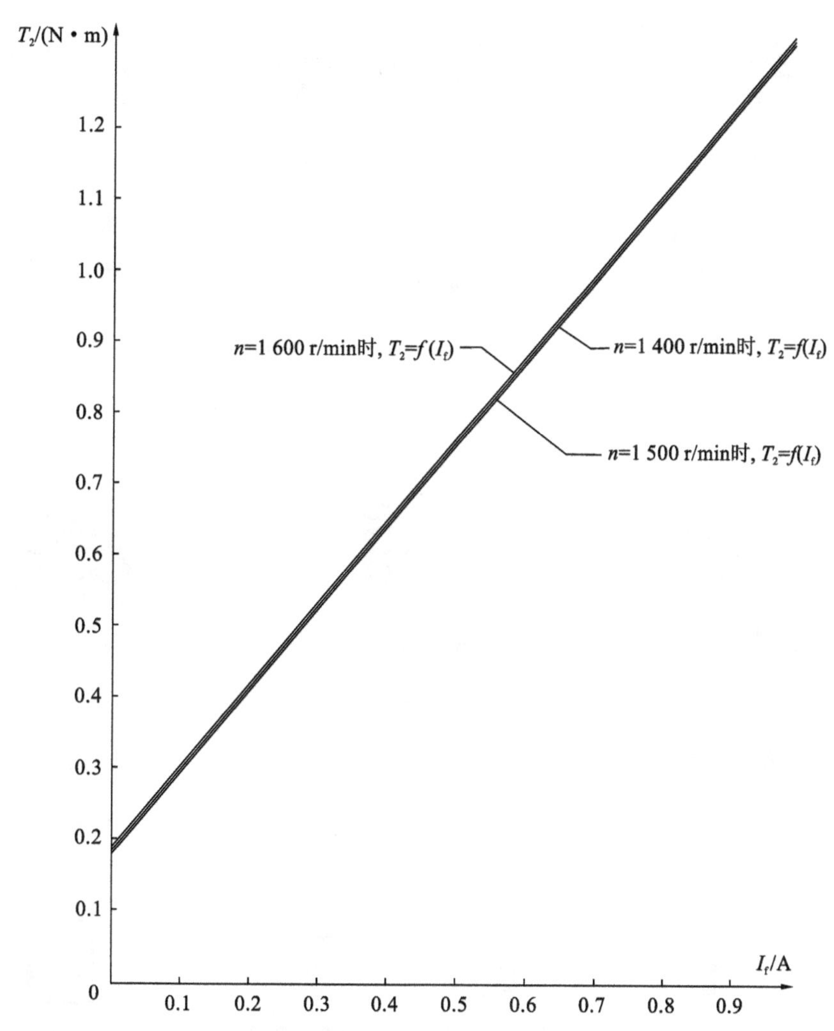

附图 D-1　保持校正直流发电机的励磁电流 $I_{fG}=100$ mA **时的** $T_2=f(I_f)$ **曲线**

附录 E　常用元器件实物图

自动电源转换开关

万能转换开关

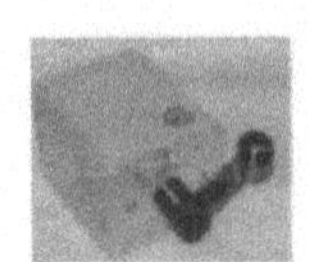

可逆转换开关

微动开关

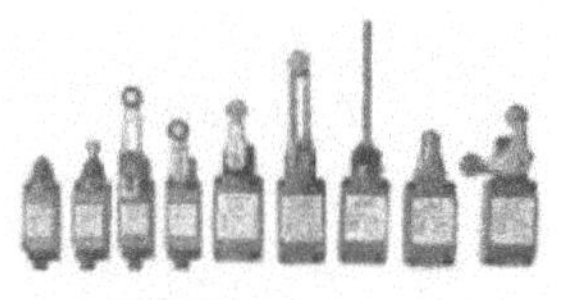

各种类型行程开关

各种类型按钮

带灯普通按钮

接近开关

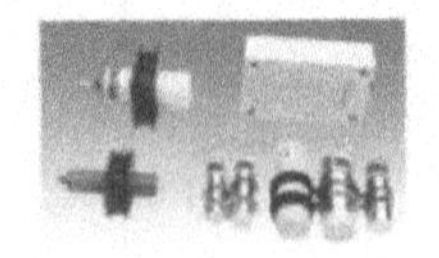

各种接近开关

低压电器图片

HK系列刀开关

带熔断器刀开关

带熔断器刀开关

三相刀开关

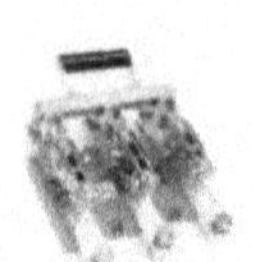

三相刀开关

防爆刀开关

单元件断路器

单相断路器

三相断路器

带漏电保护断路器

RL1系列螺旋式熔断器

RT0系列有填料封闭管式熔断器

瓷插式熔断器

RO,RT系列熔断芯子

慢溶保险丝

高分子PTC自复保险丝

CFC36系列交流接触器

CKC1（CJ40）系列接触器

中间继电器

中间继电器

热继电器

热继电器

空气囊时间继电器

空气囊时间继电器

电子式时间继电器

AR-731F2AR-731F3

JSSIP1-时间断电器

DH11S-S-时间继电器

参考文献

[1] 林瑞光.电机与拖动基础[M].3版.杭州:浙江大学出版社,2011.
[2] 胡幸鸣.电机及拖动基础[M].北京:机械工业出版社,2010.
[3] 胡虔生,胡敏强.电机学[M].2版.北京:中国电力出版社,2009.
[4] 李发海.电机学(下册)[M]北京:科学出版社,1982.
[5] 许晓峰.电机与拖动[M].北京:高等教育出版社,2009.
[6] 许晓峰.电机及拖动[M].3版.北京:高等教育出版社,2007.
[7] 彭鸿才.电机原理及拖动[M].北京:机械工业出版社,2005.
[8] 王志新,罗文广.电机控制技术[M].北京:机械工业出版社,2011.
[9] 田淑珍.电机与电气控制技术[M].北京:机械工业出版社,2010.
[10] 卢恩贵.电机及电力拖动[M].北京:清华大学出版社,2011.
[11] 李鹏.控制电机及应用[M].北京:中国电力出版社,1998.
[12] 高献甫.电机学实验指导书[M].北京:中国矿业出版社,1996.
[13] 史增芳.电机与电气控制实验指导书[M].郑州:郑州大学出版社,2008.
[14] 张桂金.电机及拖动基础实验/实训指导书[M].西安:西安电子科技大学出版社,2008.